丛书主编　颜　实

生命的密码

——基因那些事儿

李　昂　著

科学与文化泛读丛书·14

山东科学技术出版社
·济南·

图书在版编目（CIP）数据
生命的密码 ：基因那些事儿 / 李昂著. -- 济南 ：山东科学技术出版社，2025. 2. -- (科学与文化泛读丛书). -- ISBN 978-7-5723-2457-4
Ⅰ. Q78-49
中国国家版本馆 CIP 数据核字第 2024CP9218 号

生命的密码——基因那些事儿

SHENGMING DE MIMA——JIYIN NAXIE SHIR

责任编辑：胡　明
装帧设计：孙　佳

主管单位：山东出版传媒股份有限公司
出 版 者：山东科学技术出版社
地址：济南市市中区舜耕路517号
邮编：250003　电话：（0531）82098088
网址：www.lkj.com.cn
电子邮件：sdkj@sdcbcm.com
发 行 者：山东科学技术出版社
地址：济南市市中区舜耕路517号
邮编：250003　电话：（0531）82098067
印 刷 者：山东新知语印务有限公司
地址：山东省济南市商河县新盛街10号
邮编：251600　电话：（0531）82339899

规格：32开（140 mm × 203 mm）
印张：6.75　**字数**：120千　**印数**：1~2500
版次：2025年2月第1版　**印次**：2025年2月第1次印刷
定价：36.00元

前言

在笔者念大学的1990年代，有句特别流行的话，说“21世纪是生物学的世纪”。这很大程度上是因为DNA双螺旋结构的解析展现了一片未知的海洋，而1970年代和1980年代若干重要分子生物学技术的发明则给探索这片未知领域提供了工具。鉴于生物学与人类自身的密切关系，市场预测这将是一片广阔的蓝海，很多当时最聪明的学子投身其中，各种来源的资本也纷纷开始布局。我们都知道1990年美国启动了“人类基因组计划”，这个计划的实施后来扩展到英国、日本、法国、德国和中国的20所大学和研究中心进行，到2003年4月宣布完成时，很多人都认为基因组这部天书已尽在掌握，困扰人类已久的那些问题，诸如癌症、衰老、粮食短缺甚至精神疾病等，都将迎刃而解。

现在，20多年过去了，情况怎么样了呢？客观地说，生物学知识大厦，确实增加了很多体量和细节。在人类基因组计划完成后，科学家们曾经预测整个人类基因组有20 000 ~ 25 000个功能基因，现在已经被命名的超过了13 000个（在其他物种中发现和命名的就更多了)。在当代生命科学的研究中,只要涉及重要生命现象的课题都离不开对基因及其作用的分析。然而在21世纪的当下,虽然大家仍承认这是生物学的世纪,但它已经不再是高校里大受欢迎的专业。相反,人们开始用“天坑”这个词来形容相关的领域。从普通人的角度来讲,这主要是因为就业出路不好,或者学习时间过长而培养的能力适用面过窄。换个角度想的话,除了人类之外,地球上的真核生物还有几百万种[①],科学家们已经命名并且分类了130万个物种,它们每个都包含成千上万的基因(且不说那些功能基因之外的核酸序列也有其存在的意义),只要做个简单的乘法就可以知道,这是需要无数学人前仆后继才能填上的知识空白,确实堪称“天坑”。

关于“基因”的那些事儿,无论是理论发现、人物故事、历史事件,被书写出来的已经很多。各种时新报道更是让人眼花缭乱,目不暇接。如果你是个关心科研进展的人士,几乎每天都会有公众号告诉你一些关于基因的新鲜事。不过,虽然“基因”这个词的社会普及度已经达到了一个巅峰,但大多数人对遗传信息与其生物意义之间的巨大差距并没有足够的认识。实际上,当生物学进展到分子层面之后,研究成果就与公众非常隔膜,相关的作品也不像传统博物学作品那么活色生

① 最新的报道是870万个物种,误差浮动为130万。

香，容易引起一般大众的兴趣。尽管如此，笔者在日常阅读中还是积攒了一些问题，勉力做了一些梳理，总结出来，想与有缘者分享，便是本书的内容。书中内容仅代表笔者对相关问题的关切，由于阅读范围和理解深度都有限，不足和错误恐怕是难免的，欢迎批评指正。

著者

目录

序　篇

一、基因概念的演变 …… 1
二、孟德尔的豌豆 …… 14
三、摩尔根的果蝇 …… 26
四、研究基因的方法 …… 38

上　篇

五、基因变异和遗传病 …… 54
六、致癌与抑癌 …… 67
七、跑得快 …… 77
八、活得长 …… 86
九、睡得少 …… 97
十、性别决定 …… 106
十一、成瘾与否 …… 117

中 篇

十二、*MADS*-box …… 127
十三、转座子 …… 137
十四、Bt 毒蛋白 …… 148

下 篇

十五、基因检测与基因治疗 …… 157
十六、转基因与基因编辑 …… 168
十七、表观遗传 …… 180
十八、基因与社会文化 …… 190

后　记 …… 201
参考文献 …… 204

序　篇

一、基因概念的演变

在开始说基因那些事儿之前，让我们先搞清楚说的对象是什么。相信大家即便没有学过分子生物学，也会有一个常识性的概念——基因不就是一些能够编码蛋白质的 DNA 片段么？大体上是这么回事儿，不过又不尽然。按照百度百科上的定义，基因（遗传因子）是产生一条多肽链或功能 RNA 所需的全部核苷酸序列。这个简短的句子相当严谨清晰，但是，人们达到这样的理解经历了相当长的时间，科学家赋予“基因”一词的意义，也有过若干次重要的变化。

如果你注意到了定义中括号里的“遗传因子”四个字，一定能想起中学生物课上讲到的第一位大贤格雷戈尔·孟德尔（1822—1884）吧？是的，孟德尔在创立遗传学基本定律时使用的正是“遗传因子”这个词，而并非“基因”。虽然课后习题总是问豌豆的“基因型”“基因组成”如何，但“基因”这个词是到1909年才由丹麦植物学家威廉·约翰森（1857—1927）提出的。

约翰森出生在哥本哈根，很小就当了药剂师学徒，后来到嘉士伯啤酒公司由化学家凯耶达尔[①]领导的实验室做助理，研究种子、块茎和芽在休眠和萌发过程中的新陈代谢。从1892年起，他开始任教于皇家兽医与农业大学，教植物生理学。他在那里通过研究自花可育的普通菜豆，提出了在植物育种界起了长期指导作用的纯系学说。按照这个学说，植物连续自交若干代后，能形成基因型纯合的品系，即纯系。纯系内个体差异由环境影响造成，是不遗传的，因此在纯系内进行选择无效。这个学说区分了可遗传的变异和不遗传的变异。在1909年出版的一本著作中，约翰森创造了“基因型”（genotype）和“表现型”（phenotype）这样的术语，它们分别源自古希腊语 γένος（génos，意思是后代、繁殖）以及 φαίνω（phaínō，意思是出现、展示）。约翰森指出基因对表型负责。不过，跟很多前辈把“遗传因子”当作一个离散的继承单位一样，他只是把“基因”作为一个抽象概念来使用，认为它是某种形式的计算单元，并刻意避免推测其物理属性。

---

① 凯耶达尔发展了一种测定有机化合物中氮含量的实验技术，即著名的凯氏定氮法。该法现在看来比较粗放，但是因为能够适应不同条件和样本，所以仍然经常被用到。

虽然约翰森拒绝推测，但并不是没有别人做这个工作。19世纪末，人们对染色体的存在及其在细胞分裂中的行为已经有所认识，其中德国动物学家西奥多·博韦里（1862—1951）和美国医生、遗传学家沃尔特·萨顿（1877—1916）的工作尤为重要。1902—1903年间，博韦里和萨顿各自发表的若干篇论文陆续指出：染色体在体细胞中成对存在，而在生殖细胞中则是单独存在的；成对的染色体在细胞减数分裂时彼此分离，进入不同的子细胞中，不同对的染色体或遗传因子可以自由组合。这样的行为与孟德尔的遗传因子是平行的，因此，博韦里和萨顿认为，染色体很可能就是遗传因子的载体。在这些研究里，萨顿使用的实验材料是一种北美的蚂蚱，跟我们中学实验课采用东亚飞蝗是同样的原因——比较容易观察；而博韦里观察的是海胆和蛔虫，就不太适合普通群众跟着模仿了。

遗传因子和染色体之间存在联系的假设，被称为遗传的染色体理论（博韦里－萨顿理论），后来在遗传学的第二位大贤托马斯·摩尔根（1866—1945）手里得到了发扬光大。

在染色体理论诞生后不久，人们发现了一种似乎与孟德尔的独立分离定律相矛盾的新现象——连锁现象（即一些基因表现出共同遗传）。不过，如果想象显示连锁的基因位于同一染色体上，而显示独立分离的基因位于不同的染色体上，那这个现象就完全解释得通了。很快人们就了解到，在减数分裂过程中，染色体上相距足够远的基因也可以表现出独立的分离，而彼此更接近的基因表现出一定程度的共同遗传，它们在重组时发生分离的频率直接与它们之间的距离相关。因此，通过观察统计两个性状在子代中的分离情况，就可以计算出这两个性状对应的基因在染色体上的相对位置关系。

1913年，摩尔根的学生阿尔弗雷德·斯特蒂文特（1891—1970）根据六对伴性遗传的性状在子代中的分离情况，构建了第一张果蝇的X染色体图谱，他把基因描绘成线性排列在染色体上的抽象的点。这个工作说起来很有里程碑式的意义，然而结果只是如图1-1那样的一条线，实在不够看。

图1-1　斯特蒂文特论文中的配图

后来，得益于果蝇唾液腺“巨大”染色体的存在，像染色体易位和缺失等变化都能在光学显微镜下观察到，于是可以把基因定位到具体染色体上的特定位置，遗传图谱就越画越精细了。诸如综合进化论的奠基人特奥多修斯·杜布赞斯基（1900—1975）和因为“发现X射线可诱导突变”而获得诺贝尔奖的赫尔曼·穆勒（1890—1967）等人，早年在摩尔根的实验室工作时，都做了很多这样的工作（图1-2）。这些对当代的学生来说是很容易理解的事，起初却是由一些同时代最聪明的人，花了很大力气才搞明白的。

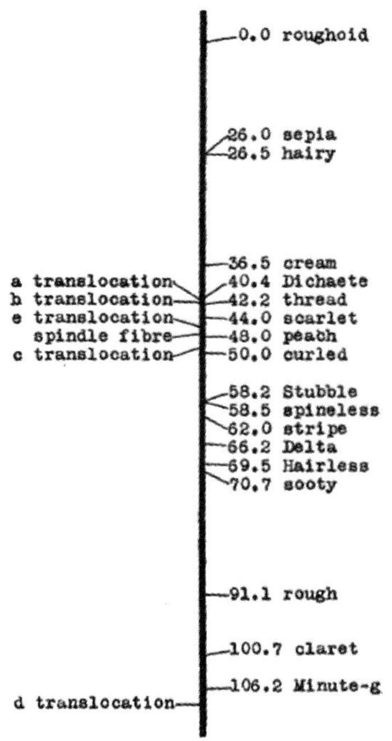

图1-2 杜布赞斯基在1929年论文中绘制的果蝇3号染色体图

穆勒后来还提出了一个很有影响的理论，认为基因是具有复制、催化和变异这三种基本能力的分子。按照这种观点，基因无疑是一种三维超微观的物理实体，具有个体化的可遗传结构。接着，穆勒又将基因的概念与进化论联系起来，他将基因描述为进化的基础和生命的源头，是生命本身的基础。1927年，穆勒在第五届国际遗传学大会（柏林）上发表题为《基因改造问题》的论文，在媒体上引起了轰动，他也成为20世纪初最著名的公共知识分子之一。

到1930年代，基因的概念变得更加具体——它被认为是不可分割的遗传单位，每个基因都是位于特定染色体上的特定点，遗传重组和突变都是以基因为基本单位。同时，基因决定了发育反应的性质，从而最终决定了它们产生的可见特征。但是大家并不知道基因的这些性质是如何确立的，以及它们的功能又是怎样实现的。这也成了当时生物学面临的主要问题之一。

1940—1950年代，这一问题得到了部分解答。先是美国斯坦福大学的乔治·比德尔（1903—1989）和爱德华·塔图姆（1909—1975）通过对粗糙脉孢菌的研究，提出了“一个基因一个酶”假说来解释基因的功能，认为每个基因都指导一种（并且只有一种）酶的形成，这样就把基因和蛋白质联系了起来。

比德尔也曾在摩尔根的实验室从事过果蝇的研究，不过1930年代他到斯坦福大学跟塔图姆合作之后，就选用了更简单的生物模型——粗糙脉孢菌。这是一种面包上经常出现的霉菌，在正常或“野生”状态下，它可以在仅含有糖、生物素和无机盐的培养基上生长。若把它暴露在X射线下，则会产生突变体。一些突变会影响菌株从基质合成生命活动所需化合物（如某种特定氨基酸）的能力。那么，为了让这样的突变株能正常生长，就需要在其培养基中添加特定的化合物。他们通过观察各种突变株在不同培养基中的生长情况，推断出：基因的功能是指导特定酶的形成，而突变可以改变基因，使之不再产生正常的酶，于是导致机体代谢异常（例如需要在培养基中添加营养物）。1941年，比德尔和塔图姆发表了脉孢菌中生化反应遗传控制的研究，正式在遗传学和生物化学之间建立了联系。他们因此获得了1958年的诺贝尔生理学或医学奖。

同样是在1940年代初期，洛克菲勒大学的奥斯瓦尔德·艾弗里（1877—1955）则解决了另外一个重要问题：他和同事们通过肺炎球菌的转化实验，证明了遗传物质的本质是DNA。前面摩尔根等人的研究已经把基因定位到了染色体上，但染色体主要由两种生物大分子组成，即DNA和蛋白质，那么到底哪种才是基因的载体呢？艾弗里的思路来自1928年英国病理学家弗雷德里克·格里菲斯（1879—1941）用肺炎球菌感染小鼠的实验。实验中，被注射了平滑型（S型，S即英文单词“平滑”的第一个字母）肺炎球菌的小鼠病发死亡，而被注射了粗糙型（R型，R即英文单词“粗糙”的第一个字母）的则没有。但当R型菌和被高温杀死的S型菌混合时，R型被转化成了S型并导致了小鼠的死亡，也就是说，被高温杀死的S型菌中有某种“转化因子”促成了R型菌的转化。艾弗里等人分离了从S型菌中提取出来的物质，并分别用它们进行实验，证明了导致细菌转化的物质是脱氧核糖核酸（DNA）。

艾弗里等人的论文发表于1944年，他们的结论写得比较谨慎保守，而且也没有即刻就被广为接受。1951年，摩尔根等人出版了《孟德尔遗传的机制》一书，其中对以往对基因的认识做了全面总结，认为：① 基因位于染色体上；② 一个染色体通常含有许多基因；③ 基因在染色体上有一定的位置，并成直线按顺序排列；④ 基因并非永远联结在一起，在减数分裂时它们与同源染色体上的等位基因常常发生交换；⑤ 基因在染色体上组成连锁群，位于不同连锁群的基因在形成配子时按照孟德尔第一和第二遗传定律进行分离和自由组合，位于同一连锁群的则按照摩尔根第三遗传定律进行连锁和交换。至此，基因对于遗传学家来说，仍是看不见的要素，如同原子和电子对于化学家和物理学家，都是对数据的解读。不过，事情很快就发生了转变。

1953年，沃森和克里克的著名论文，以及他们背后威尔金斯和富兰克林等人的故事，估计大家都耳熟能详，这里就不多说了。简而言之，双链DNA分子模型给此前认识到的遗传现象提供了令人信服的解释，基因从此以DNA分子的形式获得了明确的空间维度和化学特性。既然是有长度的（并非之前设想的颗粒或点），那么基因内部也应该会发生重组和突变。这一点被普渡大学的西摩·本泽（1921—2007）在噬菌体的实验中所证实。跟克里克一样，本泽原本也是个物理学者，受薛定谔那本名著《生命是什么？》的影响投身生物学后，成了1950年代分子生物学革命中的一个弄潮儿，他的工作影响了那个时代的许多其他科学家。

之后，随着三联体密码子的破译、中心法则[①]的建立，人们对基因的认识就已经跟现在很接近了。比德尔的“一个基因一个酶”假说被修改成了“一个基因一条多肽链”假说，因为后来的研究发现有些酶是由不同的多肽链聚合起来的，同时也有一个基因所决定的多肽链是两种或两种以上不同酶的组成成分的情形，也就是说基因并非与酶而是与多肽链具有一一对应的关系。基本上，到1960年代，人们已经达成了这样的共识，即：DNA 分子（基因）承载遗传信息，经过转录和翻译步骤来指导多肽链的合成。同时，人们也注意到了一些例外。例如，在烟草花叶病毒（TMV）中，遗传功能的载体是 RNA，并非 DNA。这个发现在1956年由美国和德国的两个研究组各自独立做出。后来，又有很多 RNA 病毒被鉴定出来，像造成艾滋病的 HIV、造成乙型肝炎的 HBV 以及近年肆虐全球的“新冠”的罪魁祸首 SARS-CoV-2都是 RNA 病毒。因此，在百科的定义中，才用了“全部核苷酸序列”这个词，这样既包括构成 DNA 的脱氧核糖核苷酸，也包括构成 RNA 的核糖核苷酸。

这里说个有关 RNA 的题外话。在关于生命起源的理论中，一个很有解释力的是“RNA 世界”说。这个假说认为 RNA 是地球上最早出现的生命形式，因为它是唯一既有遗传编码性质又有生物催化剂功能的大分子。这个学说1986年由

① 中心法则指：蛋白质是从 RNA 翻译的，而 RNA 是从 DNA 转录的。

美国人沃特·吉尔伯特(1932—)提出。吉尔伯特原本也是个物理学家，不过他太太在沃森手下工作，这让他逐渐转向分子生物学。他后来因为发明DNA测序方法，跟弗雷德里克·桑格(1918—2013)一起获得1980年诺贝尔化学奖(这个后面会再细说，桑格的名字也会经常出现，大家可以先对他的名字有个印象)。

有了上述对“基因”的基本认识之后，就是对它进行精细解构。首先，在1960年代，法国生物学家方斯华·贾克柏(1920—2013)和贾克·莫诺(1910—1976)通过对大肠杆菌乳糖代谢的研究，发现了一种原核生物基因表达的调控机制(他们因此获得了1965年的诺贝尔生理学或医学奖)。而后越来越多的人开始研究基因表达的调控过程，还有了结构基因与调控基因的区分[①]，不过，这种从功能上做的区分并不严格。另外，人们也认识到有些特殊的基因，它们的转录产物(RNA)并不编码蛋白质：像作为核糖体组成部分的rRNA和负责识别密码子并转运氨基酸的tRNA，它们本身就是在蛋白质合成中起重要作用的分子；还有一些被称为长非编码RNA(lncRNA)的，它们有些具有明确的生物功能，有些则功能未知，那么编码它们的DNA片段能否被称为基因就不好说了。到1970年代，一

① 结构基因主要编码结构蛋白和各种酶，而调控基因的编码产物为调节因子（不一定是蛋白质）。

些科学家又发现，很多真核生物的基因其实并不是一段连续的DNA片段，它们经常被“内含子”分成若干段，转录产物要经过剪切和拼接才能用来指导蛋白质合成。这个现象在1977年由美国人菲利普·夏普（1944—　）和英国人理查德·罗伯茨（1943—　）独立发表出来（他们因此获得了1993年的诺贝尔生理学或医学奖），不过“内含子”这一术语是由上面提到过的吉尔伯特最先使用的。紧接着，人们又发现了重叠基因，即两个或两个以上的基因共享一段DNA序列的现象。这次，先是1978年，桑格在研究 ϕX174噬菌体的核苷酸序列时发现它那5 375个核苷酸的单链DNA所包含的10个基因中，有几个基因具有不同程度的重叠（这些重叠的基因使用不同的读码框架）。后来在其他噬菌体、其他病毒以及细菌甚至真核生物中也发现了这一现象。重叠基因的存在可使单位DNA序列包含更多的遗传信息，是生物对其遗传物质经济利用的一种方式。

由于同一个基因经过选择性剪接可以生成多种mRNA（messenger RNA，信使RNA），进而编码多个蛋白质，那么之前对基因工作原理的一般描述——“一个基因一条多肽链”假说就开始失效了。当然，即使基因与蛋白质之间有可能是一对多的关系，基因本身仍然可以被看作一个确定的核苷酸序列，不过21世纪一些新的发现进一步挑战了基因的概念。比如，从转录产物的角度看，基因的结构边界似乎并不是明确的（细胞中充满了重叠的、连续的转录本，也就是说基因的头和尾不是绝对的）；并且，若干串联基因还可以转录成单个RNA序列，称为嵌合转录本，编码嵌合蛋白；此外，还发现了一种被称为“基因恢复”的非孟德尔遗传机制，在这种机制下有机体可以利用细胞内的RNA缓存来修复突变的DNA。总之，连同许多其他观察结果，在分子生物学界造成了这样一种状况，即学科的核心术语“基因”已经不再能给出简单而明确的定义了。

很多学者开始反思，打算重新定义基因，用网络视角来构建遗传物质和它们编码的产物之间更为复杂的关系，甚至有人提出弃用“基因”这个词，因为它描述的是一种模糊理解，不够精准。不过这些还是前沿学者们所纠结的问题，对于大部分非专业人士来说，仍然可以延续20世纪对基因的思考，即从基因到表型的途径是相当直接的，并且通常可以从基因产物的性质中推断出来。事实上，正是这种确定性，才让一般人对分子生物学的研究成果感兴趣。大家经常会问：为什么有的人吃多少东西都不会发胖，而我喝凉水都长肉？为什么我的上司每天起得比鸡还早，还始终精力充沛？我父母视力很好，我怎么会近视？市场上的草莓越来越大，农艺学家到底对它们做了什么？诸如此类的问题有的可以从“基因”的角度给出一个简单的解释，有的却并不行。本书的主要内容就是跟大家分享一些表型特征比较清楚的基因。

在后面的叙述中，基因的含义正如一开始给出的那样：它由 DNA（或 RNA）组成，是遗传的基本物理和功能单元。一些基因作为指令来制造蛋白质分子，但是，许多基因不编码蛋白质。此外我们还应该知道每个有性生殖的个体的每个基因都有两个副本，各自从父母一方继承。同一基因的不同形式称为等位基因，它们之间碱基序列的差异很小，但这些微小的差异造成了每个个体的独特身体特征。科学家给基因起的名字有时候会很长，所以通常都是用字母缩写来表示某个基因。这些等我们谈到具体情况时再加以解释。

二、孟德尔的豌豆

当你愉快地思考各种带 *AA*、*BB*、*aa*、*bb*、*Aa*、*Bb* 的习题，折服于孟德尔卓越的抽象思维能力（或是被搅得头晕眼花，暗自痛恨那个没事儿瞎琢磨的外国和尚）时，有没有纳闷过：一个出家人，为什么会在修道院的菜园里数豌豆呢？

据考证，人类食用豌豆的历史可以追溯到石器时代，而欧洲的地中海地区正是豌豆的一个起源和多样性中心。不过，豌豆在温热的气候中不如在凉爽地带生长得好，因此欧洲北部种植更多。18世纪，在英国就有人对豌豆进行杂交育种，然而直到19世纪初，关于植物的有性生殖都还是个有争议的问题。1819年，普鲁士科学院还悬赏过“植物界是否存在杂交？”这一问题的答案。1830年代，荷兰科学院则悬赏过“人工授粉产生新变种的经验以及此法可以用于哪些经济植物？”这样的问题，而赢得赏金的则是德国植物学家卡尔·冯·加特纳（1772—1850）。

加特纳的工作涉及了几百种植物、上万次实验，他可以说是研究植物杂交的一个重要先驱。孟德尔也深受其影响，在他

1866年发表的那篇著名论文《植物杂交实验》（图2-1）里，对加特纳的工作引用了17次之多。然而孟德尔之所以能够超越前人，在于他把注意力集中在了一种植物——豌豆上。

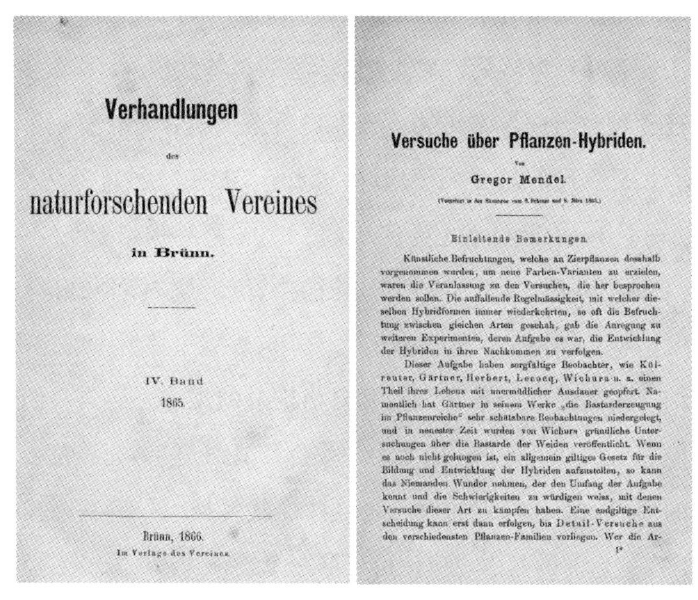

Verhandlungen

des

naturforschenden Vereines

in Brünn.

IV. Band

1865.

Brünn, 1866.

Im Verlage des Vereines.

Versuche über Pflanzen-Hybriden.

Von

Gregor Mendel.

(Vorgelegt in den Sitzungen vom 8. Februar und 8. März 1865.)

Einleitende Bemerkungen.

Künstliche Befruchtungen, welche an Zierpflanzen desshalb vorgenommen wurden, um neue Farben-Varianten zu erzielen, waren die Veranlassung zu den Versuchen, die her besprochen werden sollen. Die auffallende Regelmässigkeit, mit welcher dieselben Hybridformen immer wiederkehrten, so oft die Befruchtung zwischen gleichen Arten geschah, gab die Anregung zu weiteren Experimenten, deren Aufgabe es war, die Entwicklung der Hybriden in ihren Nachkommen zu verfolgen.

Dieser Aufgabe haben sorgfältige Beobachter, wie Kölreuter, Gärtner, Herbert, Lecocq, Wichura u. a. einen Theil ihres Lebens mit unermüdlicher Ausdauer geopfert. Namentlich hat Gärtner in seinem Werke „die Bastarderzeugung im Pflanzenreiche“ sehr schätzbare Beobachtungen niedergelegt, und in neuester Zeit wurden von Wichura gründliche Untersuchungen über die Bastarde der Weiden veröffentlicht. Wenn es noch nicht gelungen ist, ein allgemein giltiges Gesetz für die Bildung und Entwicklung der Hybriden aufzustellen, so kann das Niemanden Wunder nehmen, der den Umfang der Aufgabe kennt und die Schwierigkeiten zu würdigen weiss, mit denen Versuche dieser Art zu kämpfen haben. Eine endgiltige Entscheidung kann erst dann erfolgen, bis Detail-Versuche aus den verschiedensten Pflanzen-Familien vorliegen. Wer die Ar-

1*

图2-1　孟德尔发表于一份名不见经传的杂志《布尔诺自然研究协会论坛》的著名论文《植物杂交实验》

其实，跟当时很多从事植物杂交的人一样，孟德尔最初的兴趣也是作物改良。但是很快，他就转向了杂种的生育力、性状在子代中的分离等基本科学问题，而豌豆恰巧也是研究这些问题的一个理想实验材料，因为它自交亲和，同时又可以在控制条件下进行杂交。不过，杂交这件事，说起来容易，做起来还是有些麻烦的。因为豌豆的花粉在花发育早期就会成熟脱落，所以如果要做杂交必须在花蕾阶段就把它打开进行人工授粉。看到他论文中的数千个数据，可以想象工作量是相当大的。

孟德尔的研究成果在发表后的30多年里一直沉寂，但自1900年被重新发现后，就成为遗传学的奠基性理论，一百多年来被各种教科书反复讲述。他在进行杂交实验时观察记录了7对性状，分别是：种子的形状（圆滑/皱缩）、种皮颜色（灰色/白色）、子叶颜色（黄色/绿色）、豆荚形状（饱满/不饱满）、豆荚颜色（绿色/黄色）、花的位置（叶腋/茎顶）和茎的高度（高茎/矮茎）。他根据子代中不同性状个体所占的比例，总结出了遗传因子独立分离和自由组合的规律。而当我们对遗传的本质有了更多了解之后，就会意识到：能够完美符合这样的分离比率，隐含的意义是这些性状就算不是单基因控制的，控制它们的基因也应该位于同一个连锁片段。那么，控制这些性状的基因，到底是哪些呢？

鉴于孟德尔的工作受到注意已经是几十年之后的事，后来的研究者不可能直接获得孟德尔所用的试验材料。所幸他观察的性状，有些具有重要的农艺价值（例如皱粒豌豆有甜味、矮茎豌豆抗倒伏等），因而相关品种在欧洲曾被广泛栽培和传播，它们的种质资源也在一些研究机构得到收藏。以这些品种为基础，人们后来才得以从形态解剖、生理生化乃至细胞、分子等不同层次，对豌豆的这7个性状进行深入研究。随着分子生物学技术的发展，目前，已经明确了控制种子形状（*R*–*r*）、茎的高度（*Le*–*le*）、子叶颜色（*I*–*i*）以及种皮和花的颜色（*A*–*a*）等4个性状的基因，控制豆荚颜色（*Gp*–*gp*）、花的着生位置（*Fa*–*fa*）以及豆荚形状（*V*–*v*）的基因虽然还不能确定，但已被定位在各自的连锁群上，见表2-1。下面就说说它们是如何被发现的。

表2-1 孟德尔研究的豌豆的7个性状及其对应基因

序号	性状	表现型		基因符号	染色体	被克隆年份	对应基因或基因功能
		显性表型	隐性表型				
1	种子形状	圆粒	皱缩	*R-r*	Ⅴ	1989	淀粉分支酶Ⅰ（*SBEI*）
2	茎的长度	高茎	矮茎	*Le-le*	Ⅲ	1997	赤霉素3-氧化酶（*GA3ox*）
3	子叶颜色	黄色	绿色	*I-i*	Ⅰ	2007	常绿蛋白（*SGR*）
4	种皮和花的颜色	红色	白色	*A-a*	Ⅱ	2010	bHLH转录因子
5	未成熟豆荚的颜色	绿色	黄色	*Gp-gp*	Ⅴ	尚未	影响中果皮细胞叶绿体结构
6	花着生位置	腋生	顶生	*Fa-fa*	Ⅳ	尚未	参与顶端分生组织形成
7	豆荚形状	饱满	缢缩	*V-v*	Ⅲ	尚未	参与豆荚厚壁组织的形成

首先需要说明，孟德尔在他的著名论文里，并没有给这些

性状对应的遗传因子逐一命名，只是用大写ABC字母来表示显性，小写abc来表示隐性。上文括号中的字母代号是拜纽约布鲁克林植物园的奥兰·怀特（1885—1972）博士所赐。怀特在美国南达科他州的一个农场长大，相继获得哈佛大学的遗传学硕士和科学博士学位，之后成为布鲁克林植物园负责植物育种的助理园长，1916—1927年间又担任了园长。期间，他对豌豆的遗传做了非常系统的研究，总结了以往有关豌豆品种、性状的知识，并亲自开展了很多实验，发表了若干长文。后续与豌豆遗传育种有关的工作，几乎都要以此为基础。

最先确认的是关于种子形状的基因，这也是孟德尔本人最先考虑的一个性状。怀特在1917年用R来代表圆滑的种子，r代表皱缩的。从20世纪初，人们就对这对性状的解剖和生理学基础展开了详细研究，很快弄清楚了两种表型的区别主要在于子叶贮藏细胞中淀粉含量和种类的区别。圆粒豌豆（*RR*）淀粉含量高，且支链淀粉与直链淀粉的比例高于皱粒豌豆（*rr*），而皱粒豌豆可溶性糖的含量高于圆粒豌豆，因此吃起来更甜。进一步的研究发现，*rr*种子淀粉合成量少，是因为其淀粉合成代谢以及直链淀粉转变成支链淀粉的过程受到了阻碍，这样细胞中游离的葡萄糖和蔗糖含量升高，导致渗透压增高；在种子发育的早期，细胞吸水量多，种子膨胀体积增大，而种子成熟后干燥失水，于是就产生了皱缩的表型。

1988年，英国约翰·英尼斯研究中心的艾莉森·史密斯

（1954— ）博士发现*rr*豌豆中淀粉分支酶Ⅰ（SBEⅠ）的活性很低，而SBEⅠ正是使直链淀粉转变为支链淀粉的关键酶。1989年，史密斯研究组的巴塔查里亚博士等首次克隆了编码SBEⅠ的基因。他们发现野生型（*RR*）也就是在自然状态下较为常见的类型中的*SBEⅠ*基因大约为3.3kb，而突变型（*rr*）中该基因则为4.1kb，也就是说其*SBEⅠ*基因内有一段约0.8kb的插入序列①。由于被这段序列所打断，*SBEⅠ*基因发生移码突变，提前出现了一个终止密码子，从而使*rr*突变型的SBEⅠ蛋白缺失了最后的61个氨基酸，形成无通常功能的SBEⅠ蛋白。这样种子中直链淀粉转变为支链淀粉的过程受阻，细胞中淀粉、脂质和蛋白质的生物合成发生变化，最终使*rr*表现出皱粒性状。史密斯研究组的实验证明*SBEⅠ*基因就是孟德尔的*r*基因，而它是一个结构基因②。

第二个被找到的是控制茎长的基因。在孟德尔的豌豆杂交试验中，高茎和矮茎豌豆差异非常明显，按照怀特引入的基因符号*Le*（英文Length“长度”一词的缩写），野生型豌豆为高茎（*LeLe*），其隐性突变纯合体（*lele*）植株矮小。*Le*基因主要控

---

① 他们将它命名为Ips-r（Insertion pisum sativum-r，豌豆插入序列-r），这段序列类似于玉米的*Ac/Ds*转座子，后面还会提到。

② “结构基因”是相对“调控基因”而言的，指编码产物为调节因子（能调控基因）以外的蛋白质的基因，可以用于编码结构蛋白、酶或不涉及调控的非编码RNA。

制豌豆节间的延长，而不是节的数目。在20世纪50年代，发现对突变体施用赤霉素后，植株茎能长高，于是人们开始把 *Le* 基因产物的功能与赤霉素的合成联系起来[①]。

赤霉素（gibberellins，GAs）是一类非常重要的植物激素，参与许多植物生长发育中的生物学过程。其最突出的生理效应是促进茎的伸长和诱导长日照植物在短日照条件下抽薹开花。它的基本结构是有4个环的赤霉烷，在此基础上，由于双键、羟基数目和位置不同，形成了各种赤霉素（图2-2）。在植物的各个组织器官中都含有两种以上的赤霉素，且种类、数量和状态[②]因植物发育时期而异。

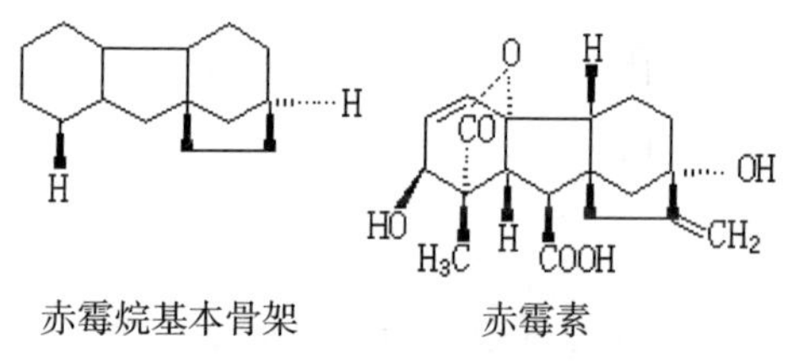

图2-2　赤霉烷基本骨架和赤霉素

1980年代，人们发现野生型豌豆茎中GA1的含量是突变

---

① 当然该基因的角色不仅限于控制赤霉素的生成，也可能是决定对赤霉素的敏感度或其抑制剂。

② 不同种类的赤霉素以数字编号区分，如GA1、GA2……状态分自由态和结合态，自由态赤霉素是19C或20C的一、二或三羧酸，具有生理活性；结合态赤霉素多为葡糖苷或葡糖基酯。

型的10倍，但GA20的含量比突变体中低得多，野生型豌豆中把GA20转变为GA1的过程比突变体中活跃得多。这提示*Le*可能编码的是赤霉素3β-羟化酶（后来被重新命名为赤霉素3-氧化酶，GA3ox），该酶能催化赤霉素无活性的前体GA20转变成有生物活性的GA1。1997年，两个独立的小组相继报告从豌豆中成功分离出了*GA3ox*基因，这得益于之前已经测序的拟南芥赤霉素3-氧化酶基因（*AtGA4*），用它的部分序列作为探针筛选豌豆的cDNA（complementary DNA，互补DNA）文库，得到了豌豆*GA3ox*基因。连锁分析表明*GA3ox*基因和*Le*完全共分离。而通过测序则发现：在*Le*突变体中，*GA3ox*基因的一个单核苷酸多态性（SNP）突变（G转换为A），使其蛋白质第229位的丙氨酸被替换为苏氨酸，这个点突变发生在酶的活性中心，降低了酶的活性。后来又发现了*GA3ox*基因的另外两个突变的等位基因，进一步证明了它就是孟德尔的豌豆实验中决定高茎与矮茎的*Le*基因，而它也是一个结构基因。

第三个被确认的遗传因子控制子叶的颜色。怀特1917年给该基因的代号是*I*。野生型（*II*）豌豆在种子成熟的过程中子叶由绿色变为黄色，但突变体（*ii*）的种子成熟后子叶仍然保持绿色，同时其叶片在衰老后也能维持绿色，因此这种突变体通常被称为“常绿”突变体。

植物的子叶成熟或叶片衰老后变黄是一种常见的自然现

象，其原因是叶绿素分解，而显露出类胡萝卜素的颜色。“常绿”突变体中，叶绿素没有随着植物体的衰老而减少，提示 *I* 基因的作用是调控叶绿素的降解过程。不过，从生理生化层面上研究控制植物衰老以及叶绿素降解的基因，直到21世纪初才逐渐受到重视。在水稻、玉米、拟南芥等模式植物中都存在类似豌豆的“常绿”突变体，陆续发现了 *PaO*、*NYC1* 和 *SGR* 等几个与“常绿”突变性状有关的基因。

2007年，以英国草地与环境研究所的伊恩·阿姆斯特德为首的一组科学家首先发现水稻常绿蛋白基因 *SGR* 在豌豆中的同源基因和 *I* 基因紧密连锁，应用 Northern 杂交分析（见第四部分的“分子杂交技术”）发现 *ii* 突变体中 SGR 蛋白的表达量很低。同年，日本的一个研究组克隆了豌豆的 *SGR* 基因，发现 *I* 基因存在另外2种不同的隐性突变等位基因，编码的 SGR 蛋白是一种正调控因子，由此推测 SGR 蛋白是在翻译水平或翻译后水平调控叶绿素降解相关的酶，但是其详细的作用机制仍有待研究。

第四个也是最近一个被测序的孟德尔遗传因子控制种皮和花的颜色。孟德尔当时就观察到彩色种皮总是与彩色的花相关联，并指出这些有色品种在叶腋处具有色素沉着；相对而言，透明或无色的种皮总是与白花有关，并且叶腋处没有色素沉着，这些显然是一个基因的多效性造成的。这个基因被命名为 *A*。

1970年代，认识到*A*基因对于花色素苷的合成是必需的。野生型豌豆开红花，是因为花瓣中花色素苷的积累。由于液泡pH的变化，或者由于每种花色素苷中化学基团的不同，尤其在羟基或糖基存在的情况下，野生型豌豆的花也有紫色或蓝色的。*A*突变为*a*后，花瓣中没有任何花色素苷的积累，就表现为开白花。由于基因的多效性，突变型豌豆的种皮颜色也由褐色变为白色。花色素苷是黄酮类化合物的一种。1990年，又是英国约翰·英尼斯研究中心的研究人员发现：黄酮类化合物合成的关键酶——查尔酮合成酶（CHS），在豌豆中由*CHS*基因家族中的3个基因决定，而*A*基因则是调控该家族的基因时空表达的一个关键调控因子。2010年，一项多国科学家的合作研究确定了*A*基因编码的是一个简称为bHLH蛋白质的转录调控因子（转录因子）。

所谓转录因子是指能够结合在某基因上游特异核苷酸序列上的蛋白质，它通过调控核糖核酸聚合酶（RNA聚合酶，或叫RNA合成酶）与DNA模板的结合，来调控该基因的转录。bHLH蛋白质经常在形成双聚体后辨识特定DNA序列，从而调控其下游基因的转录。它参与许多重要的发育与生理功能，包含肌肉的发育、神经系统的分化、气管生成、低氧感应、芳香烃感应、生物时钟等。孟德尔使用的白花突变体，很可能是在*A*基因序列中，发生了一个鸟嘌呤（G）变成了腺嘌呤（A）的点突变，因此在生成mRNA时发生移码突变而提前出现了一个终止密码子，这样蛋白质序列就被截短了，从而失去了应有的调控功能。

综上所述，目前有4个孟德尔的遗传因子能够确定是什么基因，它们分别编码：两种酶（*R* 和 *Le*），一种生化调节剂（*I*）和一个转录因子（*A*）。由于豌豆并不是现在常用的模式植物，目前也还没有对其全基因组进行测序。因此，要确认所有7个孟德尔的遗传因子还需要些努力和机缘。不过，英国约翰·英尼斯研究中心在1992年绘制了豌豆的连锁图谱，在此基础上，其他3个遗传因子也已经定位到了染色体，并找到了若干候选基因。4个孟德尔基因的克隆应用了很多分子生物学技术，如cDNA 文库的筛选、基因的共线性和候选基因分析等，有些已经不再流行，有些仍然是在广泛使用的重要技术，后面将择要再叙。

人们经常说孟德尔很幸运，他研究的7对相对性状都是简单遗传的（单基因控制）①，并且在他的实验中也没有遇到复杂的连锁问题，虽然他选择的7个遗传因子中有些位于同一染色体，但是位置足够远，因此通常不表现出连锁关系②。若非如此，不可能得到清晰的分离比例。

---

① 植物的大多数性状如株高、生育期、产量和品质等都是数量遗传性状，这类性状是连续分布的，受多基因的控制。

② 超过 50 个图谱距离的两个基因，与不同染色体上的两个基因在统计上是无法区分的。

当然，孟德尔用实验测试的并不止这些，他也在其他几种植物中验证过性状的分离。在《植物杂交实验》那篇论文中，就还写到了菜豆的三个性状（高 / 矮，圆粒 / 皱缩，种子颜色黄 / 绿），它们跟豌豆中的相应性状应该是同源的。其实，菜豆也是一种深受植物学家青睐的实验材料，前面提到的丹麦植物学家约翰森就做了很多菜豆的研究。1909年，约翰森提出了“基因”一词代替孟德尔的“遗传因子”。但在遗传学创立的初期，基因只是逻辑推理的产物，直到摩尔根对果蝇的研究才终于将它定位到了实体上。摩尔根研究的那几对关键基因将在下一部分继续讲述。

三、摩尔根的果蝇

1866年，也就是孟德尔的论文在杂志上公开发表那年，在美国肯塔基州的列克星敦，出生了一个小男孩儿，名叫托马斯·亨特·摩尔根(1866—1945)。就是他，后来把遗传因子(基因)这个概念与物质实体(染色体)联系到了一起，建立了遗传学三大基本定律之连锁与互换定律。

摩尔根的家庭出身堪称精英，祖上既有百万富翁，也有将军、政治家，不过到他父亲那辈已经衰落了。他从16岁开始就读于肯塔基州立大学(现在的肯塔基大学)的预科，1886年获得科学学士学位，之后在新成立的约翰·霍普金斯大学攻读动物学研究生。

约翰·霍普金斯是一个银行家，他捐资创建的这所学校采纳了历史悠久的德国海德堡大学研究所的概念，被认为是美国的第一所研究型大学。自它建立(1876)后，引发了美国很多其他大学向研究型大学转型。在所有学科中，约翰·霍普金斯大学的医学、公共卫生、生物学等一直名列世界前茅。

1890年，摩尔根从约翰·霍普金斯大学获得博士学位，受聘为布林莫尔学院[①]的副教授兼生物学系主任。尽管作为教师摩尔根很有教学热情，但他其实对实验室的研究工作更感兴趣。早期，他的研究重点是胚胎发育和进化问题，20世纪初，奈蒂·史蒂文斯（1861—1912）对Y染色体的发现让他开始关注性别决定这个课题。1904年，摩尔根受老同事埃德蒙·威尔逊[②]（1856—1939）的邀请加入哥伦比亚大学，担任实验动物学教授。这个职位让他得以更加专注于实验工作，而他的研究兴趣则越来越倾向于遗传和进化的机制。

在这里，也许有必要交代一下19世纪末生物学的发展状况。从19世纪中叶起，随着各种仪器装置的发明，物理、化学的方法被越来越多地用以分析生物现象，探索生命过程微观运行机理的实验生物学逐渐成为主流。例如细胞学、胚胎学等，都是这方面的典型代表。同时，传统博物学路径的知识积累，又催生了进化论这一解释生命现象宏观规律的理论。但是，在达尔文的理论中，有一个薄弱环节：他认为在生物繁殖过程中，不同性状的亲代杂交后，子代会表现出介于双亲之间的性状，例如同种白色花和红色花杂交后产生粉红色花。这一依直觉建立的学说被称为“融合遗传”，然而按照这个学说，群体中因突变产生的特异性状会逐渐趋同、稀释，这样一来与自然选

① 位于美国宾夕法尼亚州的一所历史悠久的精英女子学院，是第一所提供博士学位研究生教育的女子学院，也是约翰·霍普金斯的姊妹学校。

② 摩尔根在布林莫尔学院的职位就是接替威尔逊的。

择学说其实是相悖的。

一些达尔文的拥趸试图给这个弱点打补丁。比如，当时非常有名的瑞士植物学家卡尔·冯·内格里（1817—1891）就假定存在某种内在的推动力，使进化朝着一个特定的方向前行，他把这一理论称为"直生论"。而孟德尔的遗传理论，本质上正是与"融合遗传"相对的"颗粒遗传"，因此，在1860年代，当他将论文寄给内格里时，内格里完全不感兴趣。一个名不见经传的边缘学者被业内大佬忽视，并不是什么新鲜事，不过，孟德尔的论文也就这么被搁置了。

在它被重新发现之前的这段时间里，遗传学经由其他路径稳步推进。1883年，德国弗莱堡大学的奥古斯特·魏斯曼（1834—1914）提出"种质学说"来解释遗传和进化；1889年，荷兰植物学家雨果·德弗里斯（1848—1935）则提出泛生子（pangenes）概念，认为生物体中特定特征的遗传是颗粒形式的。为了验证自己的学说，德弗里斯在1890年代进行了一系列植物杂交实验。也是在这一时期，德国植物学家卡尔·科伦斯（1864—1933）和奥地利农学家埃里克·冯·切尔马克（1871—1972）研究了同样的问题，因此才会有1900年三人独立地重新发现孟德尔。值得一提的是，切尔马克的外祖父爱德华·费兹尔（1808—1879）也是植物学家，并且还是孟德尔的植物学老师，可见，重新发现这件事算不得偶然。

在孟德尔的论文被重新发现后，使其思想通俗化并大力传播的一个人物是英国生物学家威廉·贝特森(1861—1926)。贝特森1883年毕业于剑桥大学，随后到约翰·霍普金斯大学从事了两年胚胎学研究，回到剑桥后就一直在那里任教，后来还兼任了一段时间约翰·英尼斯研究所所长。他提倡将以往生理学中使用的实验方法运用到遗传研究，并在1894年出版的《变异研究材料》一书中做了最早的阐述。1906年，贝特森首先采用了“遗传学”(genetics)这一名词(这比约翰森使用“基因”这个词早了3年)，并确立了现代遗传学的许多基本概念。1900—1910年间，他在剑桥指导了一个非正式的遗传学“学派”，吸收了纽纳姆女子学院的很多成员，对各种动植物物种进行育种实验，并出版了《孟德尔的遗传原理》(1902)[①]、《遗传学问题》(1908)等重要作品。

得益于19世纪细胞学的发展，染色体在细胞分裂以及合子形成中的行为逐渐被搞清，因此1900年，孟德尔的论文被重新发现后，很快就有人指出：染色体的行为与遗传性状的行为完全平行。只要假定遗传因子在染色体上，就可以十分圆满地解释孟德尔遗传定律。但是，这种设想一开始遭到了强烈抵制。首先，作为当时国际遗传学“主帅”的贝特森就反对把遗传因子与任何物质实体联系起来。创造“基因”一词的约翰森

① 此时他还使用heredity表示遗传，这个词体现的是继承性，后面他就改用genetics这个新词了。

也只是把它作为“一种计算或统计单位”，反对“基因是物质的、具有形态特征的结构”。而当时作为实验胚胎学家的摩尔根则宣称他绝不接受“没有实验基础的结论”。

抛开贝特森与约翰森反对的理由不提，摩尔根一开始其实对孟德尔的理论本身都是持怀疑态度的，因为他曾用毛色变异的家鼠与野生型杂交，然而得到的结果五花八门，根本无法用孟德尔定律解释。这其实并不奇怪，在上一部分的最后已经解释了孟德尔的幸运之处，但摩尔根因此一度认定这些定律可能只适合于豌豆（植物）而不适用于其他生物（动物）。幸好德弗里斯用月见草属植物所做的关于突变与进化的实验与他的想法颇为契合，摩尔根还是坚持尝试用不同物种来验证不同的进化理论。1908年，他建议研究生佩恩研究一下拉马克的“用进废退”理论是否有道理。佩恩以前曾研究过没有眼睛的洞穴鱼，这次他决定在暗室里饲养果蝇，观察它们会不会因为黑暗而产生没有眼睛的后代。结果，虽然传了69代果蝇都没有发生他期望的变化，但是摩尔根却从中发现，果蝇是个非常好的实验材料。

果蝇（这里所说的是黑腹果蝇，*Drosophila melanogaster*）是一种原产于热带或亚热带的双翅目昆虫，因为常常在腐烂的水果中生长和繁殖，所以在人群居住的地区很容易见到。它也伴随人类一起分布到了全世界，并且在人类的居室内过冬。它的生活史短，易饲养，繁殖快，染色体少（只有4对，且清晰可辨)，突变型多，个体小，特别适合遗传学实验。从1908年起，摩尔根开始用果蝇来进行一些试验，他一方面通过物理、化学和辐射方式诱发果蝇突变，另一方面也试图通过杂交找到可遗传的突变。

1910年5月，他的妻子兼实验员莉莲·摩根(1870—1952)发现了一只奇特的雄蝇，它的眼睛不像同胞兄弟姊妹那样是红色，而是白的。据说这只雄蝇被发现的时候就很虚弱，不过，在摩尔根的精心照料下，总算让它在死去之前与野生型红眼雌蝇交配而留下了后代。通过对这些后代表型的观察统计，发现子二代的白眼果蝇全都是雄性，这说明白眼性状与雄性性别的遗传因子是连锁在一起的。摩尔根将此特征命名为白色(White，缩写为W)。在1911年《科学》杂志上发表的一篇论文中，他得出的结论是：① 一些性状与性别相关；② 该性状的基因很可能是携带在其中一个性染色体上的；③ 其他基因也可能携带在特定染色体上。

这是第一次通过实验把一个特定基因与一条特定的染色体联系起来。不久，1913年，他的学生斯特蒂文特(见第一部分)在《实验动物学杂志》上发表的《果蝇6个性连锁因子由其关联方式所表示的直线排列》一文中，推出了果蝇X染色体上若干基因的连锁图。这可以说是第一张基因图谱，同时也提示了遗传学的第三条定律——“连锁定律”。摩尔根的实验室从此以“蝇室”而闻名世界。最初那只突变的白眼雄性果蝇，也成了科学史上最著名的昆虫。

在接下来的100年里，白色（W）突变体果蝇成了遗传学研究中最有用的工具之一，在现代生物学发展中发挥了重要作用。在普通遗传学的教学中，也经常使用带有白色等位基因的果蝇作为示例。但是，这个最早被发现的伴性遗传基因编码的到底是什么呢？经过几十年来的生理生化和分子生物学研究，终于搞清楚了一些基本信息。

原来，野生型果蝇的复眼呈红棕色，是由猩红色和棕色两种色素同时存在叠加在一起而显现的。每种色素都有独立的合成和运输途径，而这个过程需要多种 ABC 转运蛋白的参与。

所谓 ABC 转运蛋白（ATP-binding cassette transporter）是细胞质膜上的一种运输 ATP 酶（transport ATPase），属于一个庞大而多样的蛋白质家族。其中每个成员都含有两个高度保守的 ATP 结合区（ATP-binding cassette，ABC），它们通过结合 ATP 发生二聚化，ATP 水解后解聚，通过构象的改变将与之结合的底物（可以是各种分子）转移至膜的另一侧，故名 ABC 转运蛋白（ABC 转运器）。这类蛋白最早是在细菌中被发现的，后来发现它存在于从原核生物到人类的所有现存生物的各大门类中，有可能是最大也是最古老的一个蛋白质家族。在大肠杆菌中有78个基因编码 ABC 转运蛋白，占全部基因的5%，在动物中可能更多。虽然每一种 ABC 转运器只转运一种或一类底物，但是整个蛋白质家族能转运的包括离子、氨基酸、核苷酸、多糖、多肽甚至蛋白质等多种分子。ABC 转运器通常由多个亚基组成，其中一到两个是跨膜蛋白，另外一到两个是与膜相关的 ATP 酶。

在上述果蝇中，白色基因编码了 ABC 转运蛋白的一个亚基，它与棕色基因产物（另外一个 ABC 转运蛋白的亚基）相互作用形成鸟嘌呤特异性转运蛋白，而与猩红色基因产物相互作用则形成色氨酸转运蛋白，分别负责将红色和棕色色素的前体——鸟嘌呤和色氨酸带入发育中的眼睛。它的突变体中，两种色素前体都无法正常运输，因而复眼呈现白色。

除了复眼颜色的不同之外，白色突变体还存在许多神经系统缺陷，它们通常行动不便并且抗压能力弱。带有白眼突变的果蝇视力也会受影响（由于缺乏色素提供的保护，白眼果蝇对光更为敏感，很容易受强光刺激、降低视力）；并且寿命也比野生型果蝇短。摩尔根那第一个白眼雄蝇的虚弱体质，根据我们后来对 ABC 转运蛋白的知识，是很可以理解的。

以往的果蝇遗传学家选择英文单词白色“white”的首字母来指代白色基因，使用小写的 *w* 来指隐性等位基因，大写的 *W* 来指代显性等位基因，但其实涉及这一性状的有数百个不同的突变。摩尔根的白眼雄蝇，只代表了第一个突变等位基因，从那之后，人们在白色基因中发现了数百个其他突变。其中只有一部分使眼睛变白，另外有些会使眼睛变成淡橙色，有些会使眼睛在白中带有红色斑点，甚至还有些会使眼睛比野生种群中携带正常等位基因的果蝇更黑。为了跟踪标识这么多不同的等位基因，使它们都有单独的唯一符号，采用了在基因名后面加描述性上标的方式，例如*白*杏、*白*樱桃和*白色*斑点；当然上标也可以只是简单的数字，例如*白色* 1118 可能表明它是特定研究组发现的第1 118个等位基因。至于野生型中发现的原始等位基因（正常版本），则用加号“+”表示。

如果考虑更复杂一点的情况，使白色基因失活的突变会产生白眼果蝇，但是还有其他基因的变异也可以产生白眼这样的表型。如前所述，棕色基因的产物和猩红色基因的产物，也是复眼的正常色素沉着所需要的多种ABC转运蛋白之一。所以，如果这两个基因同时突变，也会造成复眼变白的情况。在遗传学课程中，通常将白眼果蝇作为依赖单个基因的性状的一个很好的例子，不过，如果要做更细致的遗传学分析，就得把这些情况纳入考虑范围。

摩尔根和他的学生们前后收集了数千种果蝇的突变特征，并研究了它们的遗传规律。随着他们积累的突变体越来越多，便可以将它们组合起来研究更复杂的遗传模式。从中，推出了遗传学的第三条基本定律——连锁与互换定律。按照这个定律，同源染色体上的非等位基因连锁遗传给后代，但是，减数分裂的时候同源染色体会发生一定的交叉互换，产生重组配子，遗传给后代，这称为“互换”。由于位于同一染色体上的两个非等位基因之间发生重组的概率与它们之间的距离成比例，那么就可以从基因交换频率推算出基因之间的距离。后来，在英国遗传学家约翰·霍尔丹（1892—1964）的建议下，人们就用摩尔根的名字作为表示基因之间遗传距离的单位。通常使用的是厘摩（centimorgan，CM，百分之一摩尔根），1厘摩的定义为两个位点间平均100次减数分裂发生1次遗传重组。对于人类来说，1厘摩相当于100万个碱基对的距离。

摩尔根的学术成就迅速获得了很多拥趸。之前反对把遗传因子与物质实体联系起来的学术权威贝特森，在1922年访问了摩尔根的实验室后，也开始关注染色体为核心的细胞遗传学了。果蝇也成为最早的模式生物之一，全世界许多其他实验室都开始采用果蝇开展遗传学研究，在很长一段时间里，它都是使用最广泛的模式生物。实验室之间互相交流各种有意思的突变果蝇品系，极大地了推进遗传学在各个层次的研究。近一个世纪以来，人们对它的遗传背景有着比其他生物更全面更深入的了解，积累了十分丰富的资料。而摩尔根提出的染色体理论则被誉为“代表了与伽利略或牛顿相当的想象力的飞跃”。

1928年，摩尔根出版了著名的《基因论》，不但总结了他和学生以果蝇为主要材料的遗传研究成果，也总结了自孟德尔定律1900年被重新发现以来的遗传学研究成果，包括遗传学的基本原理、遗传的机制、突变的起源、染色体畸变等内容[①]。同年，他接受加州理工学院的聘请，把“蝇室”整体搬迁过去，建成一个致力于实验的和定量的生物学研究的新型学术机构。这不但实现了他的多年夙愿，也让加州理工学院成了生物学的训练基地之一。

摩尔根在1933年因为发现遗传机制获得诺贝尔生理学或医学奖。在他之后，通过研究果蝇认识到的重要科学知识不计其数，其中又有4项获得诺贝尔生理学或医学奖，即：1946年，“蝇室”出身的穆勒（见第一部分）因为发现X射线诱导可以产生突变而获奖；1995年，3位果蝇发育基因的研究者爱德华·路易斯（1918—2004）、克里斯蒂安·努斯林－沃尔哈德（1942— ）、埃里克·维绍斯（1947— ）因发现了控制早期胚胎发育的遗传机理而获奖，这些机理同样适用于包括人在内的高等有机体；2011年表彰了3位免疫学领域的科学家，获奖人之一朱尔斯·霍夫曼（1941— ）用果蝇证明了*Toll*基因在免疫防御中的重要作用；2017年获奖的3位科学家杰弗里·霍尔（1945— ）、迈克尔·罗斯巴什（1944— ）和迈克尔·扬（1949— ）发现了控制昼夜节律的分子机制，他们都以果蝇为研究材料。

时至今日，带有不同基因突变的果蝇仍然是重要的科研工

① 这本近百年前的作品还被列入了教育部基础教育课程教材发展中心发布的《中小学生阅读指导目录（2020年版）》。

具。由于中国在这一领域起步较晚，积累薄弱，很多实验在启动初期需要从国外购买或交换突变体材料。然而生物出入境的手续是比较烦琐的，因此一些研究人员会用投机取巧的方式将果蝇夹带过关。仅2021年的报道就有：上海海关查获一邮件内含58支、每支装有20余头活体果蝇幼虫的试管，青岛海关查获一个装有超过7 000只黑腹果蝇的进境邮包等。据悉，青岛海关查获的邮包来自著名的全球果蝇资源库之一伯卢明顿果蝇资源中心，无疑是为研究用途，但未经申报检疫，确实属于走私，并且存在外来有害生物入侵风险。

除了果蝇，海关部门在入境邮件监管查验中还查获过非法邮寄入境的拟南芥种子、秀丽隐杆线虫及各类微生物菌种等多种活体生物材料。近年，《中华人民共和国生物安全法》的制定和颁布，进一步明确了相应的责任及处罚，填补了法律空白。但与此同时，像实验动植物资源库这样的科研基础设施的空白其实也急需填补。

四、研究基因的方法

在遗传学的经典时期，虽然把基因与染色体联系到了一起，但还无法对基因内部进行拆解。能够做的就是通过一些遗传分析，推断控制某些性状的基因是以什么方式遗传（显性还是隐性，是否与性别相关），如同孟德尔和摩尔根所做的那样。此外，对人类自身，也可以在临床实践中通过家系分析——追溯家族中某些变异表型（某种遗传病发病情况）的历史，分析其传递规律，来判断某些特征（某种疾病）的遗传方式。例如，最早开始在新生儿中进行筛查的单基因遗传病——苯丙酮尿症（PKU），在1934年被发现后，通过家系分析确定是一种隐性表型。再进一步，则可以通过连锁分析和基因作图把相关基因定位到它所在的染色体上，并通过一些遗传标记来确定基因之间的相对位置。但是，连锁分析以厘摩为单位，而1厘摩对应着上百万个碱基对，这其中包含着成百上千的基因。当然了，碱基对的概念，是20世纪后半叶分子生物学诞生后才有的，而对基因做精细研究所需的方法，也是那之后才陆续发明出来的。

现在当我们提到对某个基因的研究时，通常想要探明的内容包括它在基因组中的位置、序列结构、生物功能、与其他基因的关系以及参与的代谢途径等。针对不同问题，需要使用不同方法。经过几十年的积累，有关这些方法的知识汗牛充栋，并且还在不断更新。1982年，美国冷泉港实验室出版了《分子克隆实验指南》一书，汇集了在分子水平进行基因研究的相关技术，很快就成为最具影响力的实验室操作指南，被称为实验室圣经。这本书最新的中文版分上、中、下3册，共250多万字。就算是资深的分子生物学家，也不太可能熟悉所有技术方法，而需不时查阅。这里只打算简单分享若干反映分子生物学研究特色的最基本、最重要的工具、方法和思路。

1. 限制酶

限制酶（限制性内切酶）全称限制性核酸内切酶，是一种能将 DNA 双链切开的酶。它的切割方式是将 DNA 分子中糖基与磷酸之间的化学键断开，进而在两条 DNA 链上各产生一个切口，同时不破坏核苷酸与碱基。由于断开的 DNA 片段可由另一种酶——DNA 连接酶黏合，因此不同来源的 DNA，就可以经由剪切和连接过程结合在一起（这就是所谓重组 DNA 的最初思路）。

限制酶的发现源于1950年代在萨尔瓦多 · 卢里亚（1912—1991）实验室中进行的噬菌体研究。卢里亚是美籍意大利犹太人，分子生物学的奠基者之一。1930年代，他受德国人马克斯·德尔布吕克（1906—1981）影响开始研究噬菌体。噬菌体是病毒中最为普遍和分布最广的一类，它们感染细菌、真菌、藻类、放线菌等微生物，其中一部分能引起宿主菌的裂解，故有此称。1930年代末，一些科学家开始以噬菌体为工具来探索遗传学问题，他们形成了一个人称“噬菌体小组”的松散共同体，德尔布吕克和卢里亚都是其中的核心成员，后来，他们与小组的另外一个主要成员阿弗雷德·赫尔希（1908—1997）因为对噬菌体的研究共同分享了1969年的诺贝尔生理学或医学奖。

1952年，卢里亚等人观察到原本在大肠杆菌中生长很好的噬菌体λ在一个突变的菌株中，产量明显下降了，也就是说噬菌体λ虽然可以感染它，但并不会从中释放出大量新的噬菌体。这个突变的菌株就被称为限制性宿主（因为它似乎具有限制噬菌体生物活性的能力）。到1960年代，日内瓦大学的沃纳·亚伯（1929—　）和约翰·霍普金斯大学的马修·梅塞尔森（1930—　）实验室的研究表明，这种限制现象是由于噬菌体DNA在某种酶的催化下产生了裂解，这个过程所涉及的酶就被称为限制酶。后来我们知道亚伯和梅塞尔森研究的限制酶是I型限制酶，可从识别位点随机切割DNA，通常其切割位距离识别位点可达数千个碱基之远，并不能准确定位切割位点。1970年，约翰·霍普金斯大学的汉密尔顿·史密斯

(1931—)等人，从流感嗜血杆菌中分离并鉴定了另外一种Ⅱ型限制酶。这种类型的限制酶会在其识别序列的位点切割DNA，因此成为实验室工作中最常用的分子生物学工具。

限制性内切酶的发现使得DNA可以被操纵，所谓重组DNA也由此成为可能。即便在许多新技术（如后面将提到的PCR等）出现之后，限制酶的作用在实验室中仍然无法被取代。亚伯、梅塞尔森和史密斯则由于他们在限制酶的发现和表征方面的工作，分享了1978年诺贝尔生理学或医学奖。

2. 凝胶电泳

凝胶电泳是一种用于生物大分子（如DNA、RNA、蛋白质等）及其片段的分离、分析的技术。由于不同分子的大小、带电量等物理性质上的差异，在电场作用下会表现出不同的运动速度，选择适当的介质，在两端加以电压，就可以分离不同的分子。

这种方法的思路最早可以追溯到19世纪，不过正式的历史应该从1930年代瑞典化学家阿尔内 · 蒂塞留斯（1902—1971）的工作算起。蒂塞留斯1925年在1926年诺贝尔化学奖得主特奥多尔 · 斯韦德贝里（1884—1971）的实验室开始其研究生涯，1930年取得博士学位的论文题目就是《研究蛋白质电泳的移动边界方法》。之后他受洛克菲勒基金支持赴美访问，期间与美国生物化学家和物理化学家的接触激发了他将物理方法应用于一般生物化学问题的兴趣。他在1937年的论文中描述了一种称为“蒂塞留斯仪”的装置，相当于最初的电泳仪。不过，他当时使用的介质是蔗糖溶液，分离效果并不理想。直到1940—1950年代，人们开发出固相介质，电泳方法才开始广泛传播。蒂塞留斯则因他的发明获得了1948年诺贝尔化学奖。

人们先后使用过的固相电泳基质有淀粉、丙烯酰胺、琼脂和琼脂糖等，它们各有特点，适用于不同的生物大分子和实验目的。虽然1970年代开发的琼脂糖凝胶和变性聚丙烯酰胺(SDS-PAGE)凝胶可能是当前实验室最常规的电泳基质，但其他几种也没有完全被淘汰。

总的来说，1960年代以降，日趋完善的凝胶电泳方法已经可以分离差异微小的生物分子，因此极大地推动了分子生物学的发展，并且成为各种生化方法的基础。例如，限制性内切酶消化产生的不同长度的DNA在凝胶电泳后产生特定的条带模式，可用于DNA指纹图谱。后面将要提到的萨瑟恩印迹、DNA测序等，在操作过程中都有凝胶电泳的步骤。凝胶电泳通常用于分析和分离，但也可以作为预处理技术，在进行分子克隆、聚合酶链式反应、DNA测序等检测之前对分子做纯化。而基于电泳的新分离方法和化学分析技术也在21世纪继续发展。

3. 分子杂交技术

所谓分子杂交，是利用DNA变性后再复性的过程，让不同来源的DNA（或RNA）片段能够聚合到一起。DNA双链之间的氢键被打开形成单链的过程称为变性；单链重新聚合成双链，恢复原来的理化特性，则称复性。不同的DNA片段（或者DNA与RNA片段）之间，如果彼此的核苷酸序列互补，也可以复性形成新的双螺旋结构。这种相互结合的过程称为分子杂交。

将小片段的DNA或者RNA做上标记，可以作为探针来检测与它互补的另一条链在基因组中存在与否、有多少拷贝数以及在细胞中的位置等，常用的操作有DNA印迹、RNA印迹和原位杂交等。

首先被发明的是原位杂交。1969年，耶鲁大学的约瑟夫·加尔（1928—　）和他的研究生玛丽·卢·帕杜发表了一篇在细胞制片中检测RNA-DNA杂交分子的文章。其实，分子杂交的实验在1960年代初就不断有人开展，不过加尔和帕杜开启了一套极具实用价值的操作，就是在保持细胞形态条件下用探针进行杂交，然后显影或显色。这样可以分析DNA或RNA在细胞内部“原位”的活动状态，进而用于生物学研究的许多领域以及临床细胞遗传学检测。

DNA印迹，又称萨瑟恩印迹（Southern blot），是很多技术的基础，需要特别介绍一下。它的发明者埃德温·萨瑟恩（1938—　）1962年博士毕业于格拉斯哥大学化学系，之后在剑桥工作了4年。1967年，他加入了爱丁堡的医学研究委员会（Medical Research Council，MRC）哺乳动物基因组部门。这是当时英国分子生物学的重镇，后来被称为基因组学的领域此时还只是初具雏形，而该机构正是这方面的先驱，其研究环境为萨瑟恩后来的发明提供了基础。在那里，萨瑟恩试图弄清的一个问题是核糖体RNA的转录。这首先需要得到核糖体DNA，而当时主流的基因纯化方法——密度梯度离心，并不足以实现他的目的。他想到使用前述在当时还属于新发现的方法——限制酶切和凝胶电泳，对基因进行分离。但是，从凝胶中割取几百个条带，回收里面的DNA，再一一使用分子杂交的方法找到想要的那条，想想就觉得太麻烦了。正在这时，弗雷德里克·桑格[①]在实验中引入的将核酸片段从一种介质转移到另一种介质的概念——印迹法，引起了他的注意。萨瑟恩整合了这3种创新技术（限制性内切核酸酶、凝胶电泳和印迹法），首先将待测的DNA用限制性内切酶切成片段，然后通过凝胶电泳把大小不同的片段分开，再把这些DNA片段吸印到硝酸纤维膜上。此时，DNA被固定在介质表面上而不是嵌入凝胶中，

① 桑格因为发明蛋白质和DNA测序的方法，在1958年及1980年两度获得诺贝尔化学奖。后面会专门讲到他。

就可以和预先制备的DNA或RNA探针批量进行分子杂交，从而在大量DNA片段中找到感兴趣的那个。

萨瑟恩在1973年创建了这种方便易行的固相杂交方法，不过他并没有马上发表，而是在自己单位以及美国的冷泉港实验室等几个分子生物学重镇做了报告。由于这种方法大大简化了分离DNA片段的过程，很快在各实验室获得推广，并被大家冠以萨瑟恩本人的名字（如果他选择发表的话，大概不太好意思这样冠名）。并且，后来推出的RNA印迹也以一种向他致敬的方式，被命名为诺森吸印法（Northern blot，北方印迹），而蛋白质印迹则被冠名西方印迹（Western blot），因为萨瑟恩的姓氏Southern为南方之意。萨瑟恩秉承当时流行的知识的开放性理念，没有给他的发明申请专利。不过，到了1990年代，科学界的风气有所变化，他后来开发的DNA微阵列技术（基因芯片）就使用了公司化运作，赚了不少钱。基因芯片本质上还是分子杂交，只不过密度更大，一次性获得的数据更多，跟此前不是一个量级，需要使用计算机进行分析。

4. 大分子测序

承载生物信息的生物大分子主要就是蛋白质和核酸。所谓测序，对蛋白质指的是测定其中的氨基酸排列顺序，对DNA片段指的是测定其碱基顺序，而这两件大事都与上文提到的弗雷德里克·桑格有关。

桑格出生在一个富裕的贵格派新教家庭，从小受到良好而开明的教育，并且中学时期就接触了实验室工作。1936年，他进入剑桥大学学习科学，之后决定以还算新兴的生物化学为自己的专业。1943年，桑格取得博士学位，论文题目是《动物体内的赖氨酸代谢》。之后他留在剑桥，进入查尔斯·切比纳尔（1894—1988）的研究组工作。切比纳尔的主要贡献在植物中的氮代谢方面，不过，作为当时生化系的主任，他也开展了一些测定胰岛素氨基酸组成的工作，并建议桑格深入下去。

当时，胰岛素是仅有的几个能够获得纯净物的蛋白质之一，并且可以方便地从制药公司购买到，所以对蛋白质结构的研究大多从此入手。桑格在1951年和1952年先后弄清了牛胰岛素A链和B链的氨基酸顺序（证明了蛋白质有明确的化学组成），而在此之前，很多人还认为蛋白质是无定形的。他利用自己新发现的桑格试剂（2，4-二硝基氟苯，它可以连接在氨基上，生成稳定的黄色物质）来标记多肽链的N末端，然后将胰岛素水解成小片段再用色谱法进行分离，通过辨识不同位置上的氨基酸，推导出多肽的序列。通过这种方法，桑格在1955年将胰岛素的氨基酸序列完整地确定出来，这项研究使他单独获得了1958年的诺贝尔化学奖。

之后，他转向核酸序列的测定。在破解RNA结构的竞赛中，他输给了康奈尔大学的罗伯特·霍利[①](1922—1993)的研究组。不过，在DNA测序上，他再次取得了重要突破。1975年，他与同事一起发表了使用DNA聚合酶的测序方法，他称之为“加减法”。这是对以前方法的很大改进，一次可测多达80个核苷酸，但仍然很费力。1977年，他们又进一步提出了“双脱氧”链终止法，后来也被称为“桑格法”。这个方法以待测序片段为模板，先使用引物延伸策略进行DNA合成，并在反应体系中加入双脱氧核苷酸，这样会产生不同长度的DNA片段，然后经由电泳、显影，就可以分析出模板的核苷酸排列顺序。与之前的方法相比，它可以测定更长的DNA片段。桑格用它成功测出了Φ-X174噬菌体的基因组序列，这也是首次完整的基因组定序工作。桑格因此贡献在1980年再度获得诺贝尔化学奖[②]。

在这里，必须提一下引物延伸策略和它的发明者——美籍华裔学者吴瑞(1928—2008)。所谓引物，是一段已知序列的寡核苷酸(长度通常十几个碱基)；引物延伸，就是顺着与单链核酸模板结合的引物，在核酸聚合酶的作用下，按照碱基配对的原则逐个连上核苷酸，合成与模板互补的核酸链的过程。

---

① 曾获得1968年诺贝尔生理学或医学奖，原因是阐明了联结丙氨酸与DNA的tRNA（transfer RNA，转运RNA）。

② 这次是与合作者沃特·吉尔伯特，以及另一团队的保罗·伯格分享。他也是继玛丽·居里、莱纳斯·鲍林以及约翰·巴丁之后的第4位两度获奖者。

吴瑞是中国生物化学先驱吴宪与严彩韵之子，1955年获宾州大学生物化学博士后留美工作。他在分子生物学领域有很多原始创新，其中“位置特异性引物延伸原理”是DNA测序以及后面要提的PCR等诺奖级成果的基础。并且，他早在1971年就用引物延伸法完成了λ噬菌体黏性末端的DNA序列测定。不过，作为少数族裔，在那个年代的美国，他的贡献没有获得应有的荣誉[①]。

后来，测序的方法当然都大有进步，现在蛋白质测序主要使用质谱法，不过DNA测序所使用的各种自动测序仪仍然是基于上述基本原理的。由于生物大分子的序列结构决定了其生物功能，测定一个基因的DNA序列是对它进行深入研究的基础，因此，当测序效率稍有提高之后，人们就设立了各种基因组计划，旨在确定各种生物（包括动物、植物、真菌、细菌、古细菌、原生生物或病毒）的完整基因组序列，并注释蛋白质编码基因等。其中，2002年完成的人类基因组计划特别具有里程碑意义，不但对生命科学研究产生了重大影响，也刺激着医疗产业的发展。

---

① 吴瑞后来为促进我国的人才培养和生物工程高技术领域的发展做了卓有成效的大量工作，他发起的CUSBEA项目促成了400多名生物学领域的中国学生赴美深造，其中成为教授级学科带头人的有百余人。

5. 聚合酶链式反应（PCR 技术）

聚合酶链式反应（Polymerase Chain Reaction，简称 PCR），是利用特殊的 DNA 聚合酶进行引物延伸，通过不断重复这个过程，在短时间内于生物体外对特定的 DNA 片段进行大量扩增的技术。其思路非常简单，1971 年，就有实验室利用酶反应在试管中对短片段的 DNA 模板进行复制。不过，这个有关 PCR 原理最早的想法当时并没有得到重视，主要原因可能是缺乏合适的 DNA 聚合酶。

在生物体外复制 DNA，第一步是借助高温（>90℃）来解开 DNA 的双链，然后降低反应体系的温度使引物与 DNA 单链结合，最后调整到适合聚合酶起作用的温度把核苷酸一个个顺着引物的末端添加上去。以这样 3 个步骤为一个循环不断重复，就可以得到大量跟模板一样的 DNA 片段。但是，普通的 DNA 聚合酶在 90℃高温下必然失活，因此重复这个步骤需要不断添加聚合酶，整个程序（大约 20 ~ 30 个循环）非常低效且耗时，并且需要大量的 DNA 聚合酶。

1976 年，Taq 聚合酶的发现使 PCR 方法有可能进入实用。这种酶来自一种嗜热细菌（*Thermus aquaticus*，取其缩写命名为 Taq），该细菌在自然状态下生活在像温泉那样的热环境中，因此从中纯化到的酶能够承受每个复制循环中所需的 90℃高温。不过，直到 1983 年，它才被凯瑞 · 穆利斯（1944—2019）

应用起来，开发了PCR技术。穆利斯也因此获得1993年诺贝尔化学奖。

穆利斯出生在美国北卡罗来纳州的一个农场，1966年从亚特兰大理工学院化学系毕业，1973年获得加州大学伯克利分校的生物化学博士，研究的是细菌铁转运蛋白分子的结构与合成。他的职业生涯不像大部分科学家那样限定在学术圈内。博士毕业之后，他除了做博士后，还写过小说、开过面包店。开发PCR时，他正在加利福尼亚州的西特斯公司（Cetus，第一批生物技术公司之一）任职，当时公司给他分派的任务就是负责合成短链DNA。关于穆利斯和PCR技术，还有很多故事，加州大学伯克利分校的人类学教授保罗·拉比诺为此专门写过一本书——《PCR传奇》（中文版1998年由上海科技教育出版社出版），这里就不多说了。

在PCR发明之前，要想复制DNA片段必须利用微生物：首先用限制酶剪切出目的DNA，用连接酶把它加到表达载体中；之后利用瞬间电击或是热休克等方式，导入某种易于培养的微生物（通常是大肠杆菌）；将此菌在培养基中繁殖培养，然后经过繁复的分离、纯化过程，才能得到大量复制的DNA片段，用时至少要一个星期。而PCR方法大大简化了这个过程，是现代分子生物学研究和生物工程中不可或缺的一个工具。当然，它也可以用于医学检测，这一点，在经历了两年的疫情之后，估计所有国人都已经熟知了。

6. 模式生物以及基因的命名规则

上面这些方法，说来其实只能让大家认识基因的外貌，至于要弄清楚它们的功能，涉及的技术方法就不胜枚举了。迄今为止一个主要的思路是通过在生物体内过量表达或敲除抑制某个基因，观察生物的生理变化来进行推测。这代表了分子生物学研究的一种范式，很多科学家致力于此类工作。

这些操作，说起来容易，实现起来并不容易。因此，大多数实验研究都是在有限的几种模式生物中进行的。所谓模式生物，是指受到广泛研究，对其生物现象了解比较全面的物种。根据从这些物种所得的科研结果，可以归纳出一些适用于许多同类生物的模型，进而开展更深入的研究。例如大家熟知的孟德尔所使用的豌豆，就是植物中开发比较早的一种模式生物，而目前使用最多的模式植物则是十字花科的拟南芥，它以体型小、生长期短、容易繁殖且突变体多等特点受到欢迎，2000年就对它完成了基因组测序。其他如玉米、金鱼草、水稻、烟草等也很常用。

在分子生物学发展初期，噬菌体因为结构简单、容易繁殖且存在数量庞大的突变体，是研究复制、转录、翻译及其调控等基本分子生物学问题最有用的工具。随后，大肠杆菌和酿酒酵母这两种单细胞生物作为原核生物和真核生物中最简单的代表，也成为实验室中的常备品。动物中，秀丽隐杆线虫、黑腹果蝇、文昌鱼、斑马鱼、蟾蜍、鸡、小鼠、大鼠、猴子和猪等，分别代表了不同进化程度的类群。其中，小鼠和大鼠是哺乳动物中最常用的模式生物。很多与人类自身相关的疾病或行为学方面的研究，都要从构建动物模型开始。在模式生物的选择上，既要考虑到其生命周期长短、每胎生育数量、体型大小是否利于观察等生物因素，也要考虑其供应是否能满足大部分研究者使用等社会因素。当然，随着研究水平的提高，模式生物的种类不断增加，对很多生理状态的控制和再现也能够更为精确。

当人们认识的基因数量逐渐增加之后，如何给它们命名才能在研究者之间保持有效的交流而不引起混淆，也是个很实际的问题。这与18世纪博物学大发展后，所面临的对物种的命名问题相似。早在1957年，就成立了一个国际委员会对遗传符号和基因命名法提出了建议。1979年，在爱丁堡人类基因组会议上发布了关于人类基因名称和符号的正式指南。各种模式生物中的基因命名标准则由相关的研究团体发表在各自的网站和科学期刊中。通常，在发表的文献中，基因符号是表示该基因生理功能（或其他特性）的几个关键词的首字母缩写，并且一般都被斜体化（与之对应的蛋白质符号则不被斜体化）。但是在不同生物体之间，基因和蛋白质符号中的字母、数字字符的组成和大小写规则存在一些差异。例如：人类、非人类灵长类动物、鸡和家养物种的基因符号包含3～6个斜体字符，它们全部为大写字母（如 *AFP*）；小鼠和大鼠的基因符号只有第一个字母为大写（如 *Gfap*）。

上述这些最基本的技术方法，极大地提高了人们在分子层面探索生物问题（基因的结构、功能等）的能力。很难想象，如果没有它们当今的生物科学会是什么样子。不过，也必须认识到由于操作上的复杂性，在实践中，研究思路其实经常受方法的限制。理想状态下，一项研究应该是先提出问题，再想用什么方法解决；但目前的科研工作，往往是根据现有的技术条件能解决什么样的问题，来选择做什么样的实验。因此，要在研究中取得重大突破，还须不惮于从方法上做更深层的创新。当然了，对普通人来说，比较关心的问题恐怕还是哪些基因与我们自己的身体状况相关，因此下面就分享一些以现有的研究程度可以明确与某些性状相关的基因。

上　篇

五、基因变异和遗传病

DNA 分子在复制时，有很多机制来保证这个过程的准确性，这样，基因的遗传才会是相对稳定的。但是，总会有些情况，让 DNA 分子发生碱基对组成或排列顺序的改变（包括单个碱基改变所引起的点突变以及多个碱基的缺失、重复和插入等），并在后来的复制中保留了这样的变化。如果这出现在功能基因上，就会观察到它从原来的形式变成了另一种新的形式，也就是产生了基因变异。

基因变异给生物个体带来的变化可能是中性的，即不影响突变个体的适合度，这样该基因在群体中就会呈现多态性（如 ABO 血型）；也可能有益或有害。不过，目前看来有害的占了大多数。1966年，约翰·霍普金斯大学的医学遗传学教授维克托·麦库西克（1921—2008）主持出版了《人类的孟德尔遗传》一书，收集已知的所有遗传性疾病。到1980年代后期，已将人类4 500余种性状与特定的基因联系起来，其中90%与疾病有关。当然，当我们进一步揭开人类基因组的秘密时，发现几乎所有疾病都与遗传物质有关。其中，有些是由父母遗传而来的基因变异引起的，称为遗传性疾病；还有些不是从父母那里继承的，而是由随机发生或某些诱因导致的、只在某个个体的一生中发生的一个或一组基因突变引起的，包括多种癌症。遗传性疾病可能由单个或多个基因的变异或染色体异常引起，尽管最常见的是多基因疾病，但在说起“遗传病”的时候，通常指的是单基因遗传病，这也将是本部分的主要内容。

1. 镰状细胞贫血症

首先，我们回顾一下镰状细胞贫血症这个在很多生物学课本上都会提及的例子。有关此病症的第一宗现代报道可能是在1846年对一个被处决的逃跑奴隶进行的尸体解剖，当时发现美国的非洲奴隶表现出对疟疾的抵抗力，但容易患上腿部溃疡。不过直到1910年，患者红细胞的异常特征才被发现。当时，芝加哥的心脏病学家詹姆斯·赫里克（1861—1954）和他的实习生欧内斯特·埃恩斯（1877—1959）在一名因贫血被送院的男子血液中观察到了“奇怪的细长镰刀状”细胞；不久，弗吉尼亚大学医院的一个病例也被报道出来，标题为《严重贫血病例中特殊的细长和镰状红细胞》。1922年，这种病症由霍

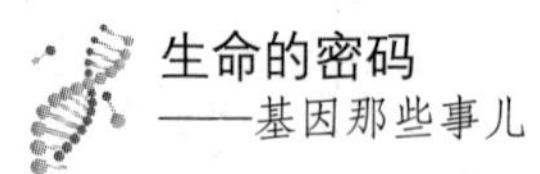

普金斯医院的凡尔纳·梅森（1889—1965）正式命名为“镰状细胞性贫血”。1949年，密西根大学的遗传学家詹姆斯·尼尔（1915—2000）发表了对此病症的遗传学研究，发现其发病符合孟德尔遗传规律，并且是一种单基因隐性遗传疾病，纯合体病人会出现严重贫血。

同样是在1940年代，一些学者也开始了对镰状细胞性贫血在分子水平的研究。其中，加州理工学院的著名蛋白质化学家莱纳斯·鲍林（1901—1994）① 对该问题的兴趣带来了一大突破，他的研究团队观察到镰刀型红细胞的主要成分——血红蛋白的行为存在异常。他们使用了当时研究蛋白质化学的新方法——电泳来区别正常和异常蛋白的差异，并证实了镰刀型贫血是由于蛋白质结构改变而引起的疾病，在分子水平上阐明了发病机制。为此鲍林创造了一个新名词“分子病”来描述这类疾病，而镰刀型贫血也就是第一种被鉴定的分子病。

然而，鲍林虽然解决了一个问题，却提出了更进一步的问题：血红蛋白的结构到底发生了什么改变呢？ 1956年，剑桥

① 鲍林是量子化学和分子生物学领域的奠基人之一。他对化学键理论的贡献让他获得了1954年的诺贝尔化学奖。鲍林对生物大分子结构的研究，还激发了沃森、克里克等人在DNA结构上的工作。此外，他还因其和平行动精神，在1962年被授予诺贝尔和平奖。

大学卡文迪许实验室[①]的弗农·英格拉姆（1924—2006）等人，使用电泳和纸层析结合的双向分离技术，分析出正常人和镰刀型贫血症患者的血红蛋白氨基酸序列只有一个氨基酸的差异，即第6位上的谷氨酸变为了缬氨酸。这是科学家第一次发现单一氨基酸的替换就可导致蛋白质功能变异，从而引发疾病的现象。英格拉姆因此得到“分子医学之父”的称号。分子病的概念随之被接受并推动了医学遗传学的发展，使用双向分离来制备蛋白质“指纹图谱”后来更成了蛋白质分析的一个常规方法。

现在我们知道具有正常血红蛋白的红细胞，表面光滑圆润，可以在血管中自由移动，但患有镰状细胞性贫血的人，红细胞中载氧血红蛋白异于常人。在某些情况（主要是氧分压下降即缺氧状态）下，异常的血红蛋白分子会相互黏着，形成螺旋形多聚体，进而使红细胞扭曲成镰刀状。镰变的红细胞可能发生溶血，因此一个主要的临床表现就是溶血性贫血；此外还可能堆积，造成毛细血管阻塞并损坏重要的器官和组织。

还原到DNA层次，镰状细胞是由第11号染色体上的β珠蛋白基因（*HBB*）突变引起的。血红蛋白由珠蛋白和血红素组成，其珠蛋白部分是由两对不同的珠蛋白链（α链和β链）组

①1950年代的剑桥大学在生命科学领域可以说是大家云集，阐明了DNA双螺旋结构的沃森和克里克都在卡文迪许实验室，而上一部分说到的桑格在生物化学系的实验室与英格拉姆的也就几步之遥。

成的四聚体，β珠蛋白长147个氨基酸。事实上，能够引起血红蛋白结构变化的基因突变存在许多亚型，取决于突变发生在基因的什么区域。另外一种常见的遗传性血液病——地中海贫血，也是由于珠蛋白基因的缺失或点突变，引起肽链合成障碍导致的。

纯合子镰状细胞性贫血患者（从父母双方获得的两个*HBB*基因都是突变型）生存机会较差，一般在30岁前就会死亡。杂合子患者（即突变基因的携带者），血液内既有镰状细胞，也有正常红细胞，临床症状不明显。并且，杂合子携带者在儿童早期对疟疾的抵抗力增加，这使携带者在疟疾流行的地区具有更高的适应性。这是因为疟原虫在生活史中会侵入红细胞中发育繁殖，但镰状细胞比正常的红细胞脆弱，疟原虫无法在这样的环境中大量生存繁殖。故而在这些人中，疟疾的发生率要低得多。在这样的选择压力之下，非洲一些疟原虫肆虐的地区，镰刀型贫血细胞变异基因的携带率逐渐上升。据信大约80%的镰型红细胞疾病病例出现在撒哈拉沙漠以南的非洲，并且有数据显示在非洲裔美国人中大约12人中就有一个携带此变异。

2. 苯丙酮尿症

虽然镰状细胞贫血是第一个被确认的分子病，但其实更早就有一种病被认定与遗传有关，那就是上一部分开头提到过的苯丙酮尿症（Phenylketonuria，缩写为PKU）。PKU同样是常染色体隐性遗传病，患者位于12号染色体长臂的苯丙氨酸羟化酶（简称PAH）基因发生变异，使得对苯丙氨酸的代谢能力下降，导致饮食中摄入的这种氨基酸堆积，达到可能中毒的水平，由此表现出一系列症状。最容易观察到的症状是尿色变深，体臭、肤色变化，进而还会带来智能障碍、行为问题以及精神疾患等。

1899年，英国病理学家阿奇博尔德·加罗德（1857—1936）首先描述了这种当时看来颇为奇怪的疾病。他从一个正在伦敦西克医院接受治疗的婴儿那儿观察到：他的尿布在出生几个小时后就被某种特殊的尿渍染黑了。在追踪了所有具相同症状的患者以及他们的亲属后，他发现这种疾病呈家族式分布，而且症状将一直持续至患者成年。加罗德对此进行了大胆猜测，他认为在这些患者中必定有某个孟德尔式的遗传因子发生了改变，从而导致细胞的某些代谢功能出现异常，于是造成尿液成分与正常人不同，他把这种情况称为“新陈代谢的先天障碍”。加罗德还找到了其他一些遵循类似规律的疾病，在孟德尔的理论刚刚被重新发现的当时，他的这一推测显得相当有远见。苯丙酮尿症可以说是首例被科学报道的单基因突变导致的人类遗传病。

当然，加罗德当时并不知道突变的遗传因子是什么。真正把该病症与具体分子联系起来，还得到挪威医师伊瓦尔·弗林(1888—1973)那里。1934年，弗林注意到一位年轻女子的孩子出生时表现正常，但后来发展为智力障碍。在孩子大约1岁时，母亲发现他的尿液有强烈的气味。弗林对孩子的尿液样本进行了多次测试，推断出引起尿液异味的物质是苯丙酮酸，苯丙酮尿症的名字由此而来。弗林也是最早将详细的化学分析应用于疾病研究的医生之一。由于此症的主因是氨基酸代谢障碍，那些在早期就被诊断出来并严格控制饮食的人可以保持相对正常的健康状况和寿命。1960年代初，美国微生物学家罗伯特·古思里(1916—1995)开发出了针对PKU的新生儿筛查测试。现在婴儿出生的3～7天内都要被采集足跟血，主要检测的就是这种疾病。

3. 红绿色盲

另外一个课本上常常出现的遗传病例子是红绿色盲。色盲(即色觉障碍)有若干种类型，临床上把红色盲与绿色盲统称为红绿色盲，患者较常见。关于这种症状最早的科学记录大概始于英国化学家约翰·道尔顿(1766—1844)，很多教材引用过他给妈妈买袜子的故事，说的是道尔顿在逛商店的时候为妈妈买了一双他认为是灰色的长筒袜，但妈妈却告诉他这双袜子是红的，对她来说过于鲜艳了。不论道尔顿是不是由此发现了自己的色觉异常，他在1798年出版的《关于色彩视觉的离奇事实》确实是论述此问题的第一部科学专著。由于他的研究，该缺陷也常被称为道尔顿病。

此后关于人类色觉的研究不断深入。到1960年代，通过经典遗传学家系分析的方法，已经确定了红绿色盲是伴X染色体的隐性遗传病。也就是说，决定这种表型的基因位于X染色体，而Y染色体不携带它的等位基因，因此患者的出现与性别有密切联系——患者中男性比女性多（以我国的调查数据为例：红绿色盲患者在男性中占6.8%，在女性中只占0.5%）。相关的分子遗传学研究，则在1980年代有了决定性进展。

1986年，斯坦福大学的杰瑞米·内森（1958— ）等人分离鉴定出了编码3种视蛋白的基因，正是它们对人类的色彩感知起着决定性作用。在1970年代末至1980年代初，通过解剖和生化研究，已经得知人类通常具有3种类型的视锥细胞，分别感应长、中、短3种波长的光，简称为视锥细胞L、M、S[①]，而这种差异则是由它们各自携带的不同视蛋白（OPN1LW、OPN1MW和OPN1SW）引起的。其中，OPN1LW为红色敏感视蛋白，OPN1MW为绿色敏感视蛋白，OPN1SW为蓝色敏感视蛋白。内森的研究组找到了编码这3种蛋白的基因并进行了测序，发现红、绿敏感视蛋白基因（*OPN1LW*和*OPN1MW*）有较高的同源性，并且都在X染色体长臂上，呈串联排列。它们

① 这3种类型的峰值波长分别取决于个人，范围分别在564 ~ 580纳米、534 ~ 545纳米和420 ~ 440纳米。人类视锥细胞的峰值响应因人而异，即使在具有正常彩色视觉的个体之间也是如此。

的变异可能编码出有缺陷的视蛋白（因此缺少感受相应颜色的椎状细胞），从而导致最常见的两种形式的色盲。

4. 亨廷顿舞蹈症

上面讲到了两种常染色体隐性遗传病和一种 X 染色体伴性遗传病，下面说一种常见的常染色体显性遗传病——亨廷顿舞蹈症（HD）。

早在中世纪就有对“舞蹈病”（Chorea）的记载。这个词源自希腊语的“舞蹈”，病患表现出一种异常的非自愿运动，常常显得烦躁而笨拙，并有认知和精神方面的症状。对这种疾病的第一个详尽描述来自美国医生乔治·亨廷顿（1850—1916）。1872年，他在一篇论文中对这种疾病给出了详细而准确的定义，并且在孟德尔定律被重新发现之前数年就描述了常染色体显性遗传疾病的确切遗传方式。乔治的父亲和祖父都是家庭医生，他们对同一地区几代人累积的观察无疑对准确描述这一病症做出了很大贡献。在20世纪初对孟德尔遗传学的重新发现期间，HD 被用作常染色体显性遗传的一个例子。

对该病症的分子遗传学研究得益于美国遗传病基金会的支持。1979年，他们启动了一个与委内瑞拉的合作研究项目，寻找导致 HD 的基因。该研究集中于委内瑞拉两个孤立的村庄，巴兰基塔斯和拉古内塔斯，因为那里的 HD 患病率异常高。1983年，研究取得了重大突破，发现了致病基因的大致位置。

而这个过程中开发的DNA分子标记方法[①]，也是人类基因组计划成为可能的重要一步。为了确定和分离出这个基因，好几个国家的58名研究人员共同协作（由6名带头人负责），历时10年，终于在1993年于4号染色体短臂上找出了“亨廷顿”基因，使之成为第一个使用遗传连锁分析法发现的常染色体疾病基因。

现在知道，“亨廷顿”基因编码一种同名蛋白质（HTT）。正常HTT蛋白本身具有多种细胞功能，一旦变异则导致这些功能障碍，从而影响不同的分子通路，最终导致神经功能失调和退化。值得注意的是，“亨廷顿”基因包含了一串重复的三联密码子CAG，通常正是由于这段重复序列中的三联子拷贝数增加带来了基因变异。这种由于遗传元件拷贝数不稳定造成的变异，其突变体表现异常的程度与拷贝数增加的数目有关。也就是说，拷贝数越多，疾病发作越快，疾病越严重。因此HD患者的临床症状复杂多变，一般在中年发病，病情进行性恶化，通常在发病15～20年后死亡。此外，HD的患病率在不同人群中变异很大，东亚人口患病率仅为西方人口的十分之一。不过，该疾病的机制复杂，尚有很多不清楚的问题。

---

① 这里使用的是限制性片段长度多态性（restriction fragment length polymorphism，RFLP）。一个样本的DNA经过多种限制性内切酶切割后，通过凝胶电泳将不同长度的限制片段分开，形成的条带式样是独特的，由此能从遗传水平上区分不同个体。RFLP是第一种被用于作图研究的DNA标记。

5. 囊肿性纤维化

最后，稍微提一下另外一种较常见的单基因遗传病——囊肿性纤维化（cystic fibrosis，缩写作 CF）。它也是常染色体隐性遗传病，最常受影响的是肺部（包含肺部感染所导致的呼吸困难等），但症状也常发生于其他脏器，每个人的情况不尽相同。1989年，加拿大多伦多大学的华裔分子遗传学家徐立之（1950— ）的研究组发现，CF 的发病原因是位于7号染色体的长臂上的 *CFTR* 基因突变。该基因编码一个具有1 480个氨基酸的 ABC 转运蛋白类离子通道蛋白。还记得白眼果蝇么？对，就是那一类蛋白。近来的研究结果表明，人类多种疾病，如免疫缺陷、癌症等，都与 ABC 转运蛋白病变相关。*CFTR* 基因编码的蛋白通过细胞膜传导氯离子，它的突变会使肺、胰腺和其他器官的上皮组织液体运输失调，从而导致囊肿性纤维化。其中，该基因的 ΔF508突变（即位置508的氨基酸缺失）是造成 CF 的最常见原因，占全球近三分之二的病例。同时，该病症在族群中的分布也有很大差异，北欧血统中最多，每25个人中就有1个人带有突变的 *CFTR* 基因。

单基因遗传病对人类健康构成了较大的威胁。虽然大多数遗传疾病本身都很罕见[①]，但目前已知的遗传病已经超过6 000种，并且医学文献中还在不断描述着新的种类。据统计，

① 通常定义发病率不到 1/2 000 为罕见。

每50个人中就有1人患有已知的单基因疾病，而263个人中就有1人受到染色体疾病的影响。其中很多都难以治愈。以镰状细胞贫血为例，患者很少能度过儿童时期，通过抗生素以及止痛和输血等常规治疗，能够延长其寿命到成年，也有一些药物能够改善症状，但目前镰状细胞病的唯一治愈方法是骨髓移植。然而这是一种有许多并发症的危险手术，并且只有少部分患者能够找到合适的骨髓供体。当前，研究的一大热点是通过纠正缺陷基因来治疗遗传性疾病，即基因治疗（这将在后文有所述及）。虽然对某些病症已经建立了有希望的疗法，不过，应该认识到这类疗法在很大程度上还是试验性的。在对疾病的分子机理有更广泛、深入的了解之前，重视产前检测、新生儿筛查，以避免遗传病带来的危害，才是对普通人行之有效的策略。识别疾病的遗传因素，给生物医学研究带来了巨大的范式转变，也让人们对设计更好的治疗方法寄予厚望。

同时，对遗传病的观察也是研究基因功能的一种基本途径。通常，在一个基因正常工作的时候，并不容易察觉它的存在意义，反倒是它失去功能后导致的异常会引起人们注意。在使用动植物和微生物模型时，可以敲除某个基因或采取诱导突变的方法，但是对人类自身不能采取此等粗暴的手段，因此，恰恰是遗传病患者的不幸给人类带来了认识自己的机遇。

最后还需说明一点，对生物表型起作用的因素中，遗传只是一个方面。在对果蝇和线虫等模式生物的研究中早就发现，某些特定基因所控制的功能或形态能否真实表达，取决于环境触发或者随机概率。在人类疾病中，很早就有人提出了基因的“外显率”与“表现度”问题。“外显不全”意味着即使基因组中存在某种突变，它也未必能表达出相应的生理特征。例如，*BRCA1* 基因突变可以显著增加罹患乳腺癌的风险，但是并非所有携带该突变基因的女性都会患上乳腺癌，而且不同的 *BRCA1* 基因突变亚型所表现出的外显率也参差不齐。对此，新发展起来的表观遗传学也许能够提供一些解释，后面第十七部分有专门的介绍。

引发遗传物质发生改变的原因可以是细胞分裂时基因的复制发生错误，或是受化学物质、辐射或病毒的影响。通常变异会导致细胞运作不正常或死亡，在较高等生物中则可以引发癌症等。但同时，突变也被视为物种进化的“推动力”：不理想的突变会经选择过程被淘汰，而对物种生存繁衍有利的突变则会被累积下去。在人类社会中，遗传变异与疾病的关系比自然进化中呈现的更为复杂，某种变异的利弊往往不能简单判定，需要从不同角度加深认知。

六、致癌与抑癌

细胞癌变（恶性增生）是人类产生之前就存在于动物界的现象。在漫长的历史进程中，由于人们普遍寿命不长，癌症并非主要的致死疾病。对它的认知虽然可以追溯到古埃及，并且在现代之前的诸位名医著述中都能找到记述，但水平毕竟受时代的限制。工业革命之后，一方面人均寿命延长，随之癌症发病率升高；另一方面欧洲主要国家的医疗卫生体系逐渐完善，医院从中世纪那种依附于教会、单纯看护病人的场所，发展成具有教育和研究功能的机构，对肿瘤、癌症这类疾病才终于开始形成基于现代科学的认识。

1. 致癌基因

一段时间里，人们的认识主要集中在验证不同化学制剂的致癌效应。而治疗的方案除了手术切除，只有实验性的 X 光照射。直到裴顿 · 劳斯（1879—1970）的病毒致癌说引起学界重视，才开辟了一条更富启发性的进路，并使癌症机理的研究从细胞向分子层面深入。

劳斯早在1911年的论文中就提出：病毒感染有可能导致正常细胞转化为癌细胞。不过当时病毒对很多人来说还只是一种理论上的存在，没办法直接进行观察。1950年代，电子显微镜的应用，让这种比细菌更小的有机体终于暴露在人类的视野下，几种重要的人类病毒被分离鉴定，而1952年脊髓灰质炎在美国的严重疫情则促使更多人员经费投入到病毒学这个新兴的热门领域。劳斯在半个世纪前的工作的重要性也终于获得了确认，并于1966年获得了诺贝尔生理学或医学奖。

劳斯的获奖，激发了不少研究者对病毒与癌症关系的兴趣，很多研究小组都忽然对致癌病毒感兴趣起来，一些人推测癌症可能与基因有关。

事实上，早在20世纪初，德国发育生物学家西奥多·博韦里（见第一部分）就提出过遗传物质的变化与癌症相关的观念。1969年，美国国家癌症研究所（NCI）的研究人员第一次正式使用了“致癌基因（oncogene）”一词。1970年，加州大学伯克利分校的史蒂文·马丁博士首次在会议中报告分离出了劳氏肉瘤病毒（RSV，即上述劳斯发现的病毒）中的致癌基因，这是第一个被确认的致癌基因，称为*Src*（肉瘤一词的缩写）。

与此同时，很多研究小组也都在开展相关研究。加利福尼亚大学旧金山分校的迈克尔·毕晓普（1936—　）和哈罗德·瓦穆斯（1939—　）团队发现：包括人类在内的许多生物体中都有与*Src*同源的基因，他们把病毒中的称为*v-Src* (*virus-Src*),正常的细胞基因称为*c-Src*(*cellular-Src*)。认为病毒中的致癌基因来源于一种细胞生物的正常基因——原癌基因,这种基因通常有其正常的生理功能,但是突变或过量表达后会引发癌症。病毒在其宿主细胞中复制时将*c-Src*基因重组进了自己的基因组。而这个在宿主体内原本正常的基因,经过突变,就成了一个致癌基因*v-Src*,就像在劳斯肉瘤病毒中那样,一旦动物被病毒感染,致癌基因转染回动物宿主,就可能导致癌症。

这个发现在1970年代发表后,对肿瘤发生机制的认识产生了重要影响,此前,对癌症的看法是一种由异物(病毒基因)引起的疾病,之后改变为一种通常存在于细胞中的基因可以引起癌症的模型。毕肖普和瓦慕斯因此获得1989年诺贝尔生理学或医学奖。

现在我们知道*c-Src*编码的是一种非受体酪氨酸激酶蛋白(属于一个激酶家族),它可以将磷酸基团从ATP转移到其他蛋白质特定的酪氨酸残基,也就是将其磷酸化,由此打开或关闭细胞中的其他酶来调节许多细胞功能。*c-Src*被激活后,会促进癌细胞存活、血管生成、增殖和侵袭。在大约50%的结肠、肝、肺、乳腺和胰腺肿瘤中都观察到*c-Src*的激活。如果存在某些遗传突变,导致*c-Src*的持续激活(活性增加或过表达),就会引发细胞异常生长,即产生肿瘤。

1980年代,人们很快就找到了多种不同的致癌基因。除

了 *Src* 家族[①]之外，比较常见的还有 *Ras* 基因家族（对正常细胞的增殖和分化起重要调节作用，是目前所知最保守的一个致癌基因家族）、*Myc* 基因家族（是目前研究最多的一类核蛋白类致癌基因，在恶性肿瘤中的显著特征之一就是经基因扩增和基因突变的方式激活）、*Sis* 家族（能刺激间叶组织的细胞分裂增殖）和 *Myb* 家族（核内转录因子）等。它们的共同特征是都在细胞生长和分化中起重要作用。

2. 抑癌基因

在对致癌基因的研究方兴未艾之时，也有另外一种研究思路，是基于肿瘤抑制基因（抑癌基因）的概念。肿瘤抑制基因的概念来源于1960—1970年代的一些细胞杂交实验。在这些实验中观察到，肿瘤细胞内的遗传物质变异或损失可被其他细胞的遗传物质修补或替代，并使肿瘤细胞的致癌特性丢失或延缓。由此推测，肿瘤细胞内丢失了可抑制肿瘤生长的DNA。不过，这种基因的存在，直到1980年代中期，才通过对视网膜母细胞瘤的研究证实。

---

① 基因家族（gene family）是来源于同一个祖先，由一个基因通过基因重复产生两个或更多的拷贝而构成的一组基因，它们在结构和功能上具有明显的相似性，编码相似的蛋白质产物。同一家族基因可以紧密排列在一起，形成一个基因簇，但多数时候，它们是分散在同一染色体的不同位置，或者存在于不同的染色体上，各自具有不同的表达调控模式。真核生物基因组的特点之一就是存在多基因家族（multigene family）

视网膜母细胞瘤是婴幼儿中常见的恶性肿瘤，具有明显的家族遗传倾向。关注肿瘤遗传因素的研究者很早就注意到了这个研究对象，1971年，休斯敦得克萨斯大学健康科学中心的艾尔弗雷德·克努森（1922—2016）提出了关于这一类基因的“两次打击”理论，认为只有一个基因的两个等位基因位点均变异或损伤时，基因的正常表达和功能才完全丢失。相对于致癌基因的“一次性突变”学说，需要两次打击才能使抑癌基因失活。因此，抑癌基因属于隐性基因。1983年，研究者发现视网膜母细胞瘤患者中的13号染色体发生了缺失，这就意味着位于这个染色体上的抑制肿瘤发生的基因被删除，从而确定了视网膜母细胞瘤易感基因（retinoblastoma susceptibility gene，*RB1*）是一个肿瘤抑制基因，同时也证实了上述推测。1986年，*RB1* 基因被成功克隆。在随后的几年中，研究人员又发现了一些肿瘤抑制基因，包括人们比较熟悉的 *P53*、*BRCA* 等基因。

其中，*P53* 是有史以来人们研究最多的一个基因。2009年，已经可以从专门收录生命科学类文献的免费检索引擎PubMed[①] 中检索到将近5万篇相关文章，在以单个基因为对象的研究中，高居发表物排行榜之首（这个排名至今未变）。并且，自1979年被发现以来，人们对它的理解经历了一次彻底反

① PubMed 由美国国家生物技术信息中心（NCBI）开发维护，是生物医学领域最重要的文献检索网站。

转——最初认为它是个致癌基因，后来认识到在癌变的细胞中其实是正常的 *P53* 发生了突变，因此它其实是一个抑癌基因。在这个过程中，相关的研究范式也历经若干重要转变，在此值得多着些笔墨。

P53 的发现源于使用猿猴空泡病毒40（SV40）所做的一系列研究。SV40是一种 DNA 病毒，1960年首次在用来生产脊髓灰质炎疫苗的猕猴肾脏细胞中发现，感染它的细胞会产生异常数量的液泡，该病毒由此得名。它在猕猴中通常处于不引起症状的休眠态，但是在鼠类中会引发多种肿瘤，因此被广泛用于建立实验动物模型。在 SV40表达的蛋白中，最初有两个被认为与将正常细胞转化为癌细胞的过程有关，分别称为大 T 和小 t 抗原。在动物实验中，观察到它们与小鼠的未知蛋白结合。因此，鉴定这些未知蛋白就成了研究肿瘤形成机制的重要一步。

1970年代中期，纽约州立大学石溪分校的彼得·特格特迈尔等人使用免疫沉淀和凝胶电泳分离出了一种相对分子质量约为50 000的蛋白质[①]，后来认为就是 P53。不久，伦敦帝国理工学院、普林斯顿大学、纽约大学医学院、法国国家癌症

---

① 蛋白质混合物在电场作用下通过凝胶，不同大小的蛋白质会因为泳动速度不同而分离，并在染色后可视化。在分子生物学发展早期，经常根据蛋白质的大小对新发现的蛋白进行命名。P53 的得名就是因为其相对分子质量为 53 000。

研究所等6组研究人员独立观察到了这种蛋白存在的更多证据，于是在1979年涌现出一系列关于这种分子的报道。

大家一开始是把这种新发现的*P53*当作一种致癌基因。在1980年代，很多研究组致力于克隆这个基因，以便研究其作用机制。不过，也有一些人注意到了不甚符合这个观点的实验结果。比如1984年有研究发现在一个小鼠白血病细胞系中，*P53*基因是被逆转录病毒插入失活的。后来，还有人发现，在白血病来源的人类细胞中，*P53*的编码区几乎被删除了，无法产生P53蛋白。对这个结果最简单的解释是*P53*的丢失催生了癌变，暗含的意思就是正常*P53*的功能是防止癌症所必需的。这些都提示*P53*可能是一种肿瘤抑制基因。最终，是测序结果带来了决定性的结论：原来，癌细胞中的*P53*是突变的，并且只有突变的*P53*能够在实验中发挥转化作用（将正常细胞转化为癌细胞），野生型的*P53*不行。这就解释了之前实验结果中的矛盾。在把*P53*当作致癌基因研究了10年之后，发现它其实是个肿瘤抑制基因，并且，它是在人类癌症中最常发生突变的一个。

1989年是*P53*研究的转折点。*P53*作为抑癌基因的本质被揭示出来之后，对其作用机理和参与生理过程的研究大量涌现。简单说，*P53*基因位于人类基因组第17染色体的短臂，编码一个具有393个氨基酸的转录因子。还记得孟德尔的白花基因么？它也编码转录因子。转录因子通常至少具有DNA结合结构域与效应结构域这两个功能区，它们不仅可以与基因的上游区域结合，也可以和其他转录因子形成复合体来影响基因的转录，由此产生很复杂而精细的调控机制。人类基因组中已经推定出大约1 800个基因编码转录因子。

P53在许多信号传导途径中起着节点的作用，具有调节从生殖、发育到维持基因组稳定性（DNA修复）和细胞老化、凋亡的各种重要生物活性。一些证据表明P53的单体或二聚体可以与同一家族的另外两种蛋白P63或P73形成杂四聚体，这3种转录因子产生的组合可能具有更加复杂的调控功能。由于在协调细胞周期对DNA损伤和其他应激信号的反应中至关重要，P53蛋白在避免癌症发生的机制中扮演了细胞守护者的角色。在超过半数的人类癌症中，都会发现*P53*基因的突变。可以说，*P53*是人们目前了解最多的一个基因，也恰恰因此，它为人们打开了更多的未知。

另外一组比较有名的肿瘤抑制基因是与乳腺癌相关的*BRCA1*和*BRCA2*基因，分别位于第17号和第13号染色体。它们并不是同一基因家族，但都在乳腺中表达，因此得名（BRCA为英文breast cancer的缩写）。正常BRCA蛋白的主要作用是对发生双链断裂的DNA分子进行精准修复。突变的BRCA蛋白如果影响了这一功能，就意味着细胞中的DNA双链断裂后，被修复的概率大大降低，于是导致快速积累更多的基因突变，那么产生癌症的概率也就大大增加了。在*BRCA*基因的突变中，已经鉴定出数百种不同的类型，其中一些确定是有害的，并且主要对女性产生较大影响，可能使携带者患卵巢癌和乳腺癌的概率提高。其中，患乳腺癌的概率从不到10%，增加到55%～65%；患卵巢癌的概率从1%，增加到39%。

在中国，乳腺癌患者中有5%～10%存在*BRCA*突变（*BRCA1*突变比*BRCA2*更为常见），而在40岁以下年轻患者中的比例高得多。这不难理解，癌症发生需要多个基因突变，因此一般要经过多年的积累。但年轻人得癌症，很多都是因为先天因素导致基因突变加速，*BRCA*的突变就是可能因素之一，所以我们可以预见，年轻乳腺癌患者里面*BRCA*突变的比例高。因此，对*BRCA*突变进行筛查，也是预防遗传性癌症的一项重要举措。例如，好莱坞影星安吉丽娜·朱莉由于携带遗传性*BRCA1*基因突变，医学预测她有87%的概率在70岁之前得乳腺癌或者卵巢癌。于是，这个“世界上最性感的女人”在事业巅峰期做了预防性双侧乳腺切除，那年她37岁，而后在39岁又做了卵巢切除。她的举动唤起了全世界无数人对*BRCA*基因突变以及癌症筛查的理解，但如此“壮士断腕”的行为是否是最佳选择，科学界一直有很大争议，因为随着对癌症的研究不断深入，已经有很多治疗方案。近年，美国一款主要针对*BRCA1/2*基因突变的抗癌新药（Niraparib）已通过三期临床试验，效果理想。而针对*P53*系统的抗癌新药研发就更多，虽然大部分还处于临床试验阶段，但越来越多的人开始对其应用前景表示乐观。

总之，从基因层面对癌症的理解，经历了几次重要变化：从最初认为是由病毒基因引起的，到发现致癌基因的异常表达，再到发现抑癌基因的失活等。实际上，这些都是癌症发生的可能机制。目前，虽然离全面攻克癌症还距离遥远，但随着对几种重要的致癌基因和抑癌基因的研究逐步深入，人们谈癌色变的恐惧感总算可以逐渐淡化了。

七、跑得快

比起那些与疾病相关的基因，幸运的正常人大概对关乎人类各方面能力和表现的基因更感兴趣。我们知道寿命、相貌、认知和运动的能力等很多表型特征都与遗传因素密切相关，但是，具体到某一个特定的表征，却并不是总能对应到某个特定基因，而是涉及复杂的遗传调控网络。

在生理学中，探讨正常人体对运动的反应和适应性的运动生理学是相对晚近的分支。虽然对肌肉这一运动系统重要组成部分的研究可以追溯到1786年意大利科学家伽伐尼在观察蛙腿收缩时发现动作电位的著名故事，但是，一些与肌肉收缩及能量代谢有关的基础理论，都是到19世纪末至20世纪初才构建起来的，例如英国生理学家阿奇博尔德·希尔（1886—1977）提出的最大摄氧量和氧债务概念。希尔毕业于剑桥三一学院，在转向生理学之前学的是数学。他是生物物理学和运筹学等多种学科的创始人之一，不过以运动生理方面的成就最为突出，1922年因肌肉产热和机械功研究而分享了诺贝尔生理学或医学奖。

在这些理论基础上，科学家通过测量运动过程中的氧气消耗量等指标，得以对个体的运动能力做出量化判断。1950—1960年代，一些主要发达国家都建立了疲劳实验室、肌肉研究中心之类的机构，致力于寻找影响运动表现的生理因素。此外，随着竞技体育的发展以及分子遗传学对运动医学领域的渗透，积累了越来越多杰出运动员群体的遗传学数据。一些学者尝试着探讨与运动能力相关的基因，并终于锁定了一些起关键作用的基因，其中，编码α-辅肌动蛋白-3（α-actinin-3）的基因*ACTN3*近年来受到比较多的关注，被称为“金牌基因”或“速度基因”，值得详细介绍一下。

1. *ACTN3*基因

所谓α-辅肌动蛋白是一类与肌动蛋白结合的蛋白，在不同细胞类型中具有多种作用。人体各种形式的运动，主要都是靠骨骼肌收缩来完成的，骨骼肌也是人体内含量最多的组织，约占体重的40%。而肌动蛋白就是骨骼肌的主要组成部分之一，构成了肌细胞中具有收缩功能的结构。当然肌动蛋白不仅仅存在于骨骼肌，α-辅肌动蛋白也有不同种类（现在知道的有4种）。1992年，哈佛大学医学院的一些科学家首次克隆了α-辅肌动蛋白-3基因，发现它只在骨骼肌中表达。而该蛋白的主要功能就是辅助肌动蛋白收缩，从而使肌肉收缩。

1999年，澳大利亚皇家亚历山大儿童医院、悉尼大学等机构的一组研究人员在针对肌营养不良病患者的研究中检测了α－辅肌动蛋白－3的表达状况，发现有些患者缺乏ACTN3蛋白。进一步的研究揭示，这是由于在他们的*ACTN3*基因中，第1 747个碱基位点从C变成了T，导致原本应该表达正常蛋白的第577个氨基酸（精氨酸）的密码子变成了终止密码（*X*），于是肌肉组织中缺乏α－辅肌动蛋白－3。然而，令他们意外的是，缺乏这种蛋白并不是一开始想要寻找的致病因素。并且，在一般人群中，*ACTN3*（*577X*）——第577个氨基酸位置发生无义突变的基因型具有相当高的等位基因频率，也就是说：该终止密码子带来的多态性并非致病性的，但是，不同基因型的个体有可能在肌肉功能上存在正常范围内的差异。

2003年，还是澳大利亚学者为主的一组人，报道了*ACTN3*基因型与精英运动员的运动表现相关。他们发现α－辅肌动蛋白－3几乎只在快肌纤维中表达，该纤维负责快速而强烈的肌肉收缩。而在精英短跑运动员中，无论男女，*577R*等位基因的频率都明显高于对照组。这显示α－辅肌动蛋白－3的存在对骨骼肌产生强力收缩的功能是有积极作用的。

这项工作一经发表，迅速引起了研究*ACTN3*基因的热潮。不同国家、地区的学者纷纷以不同群体为样本，检测*ACTN3*基因型与运动能力的关系。这些研究的结果不尽一致，有些并没有发现明显的相关性，不过，经过十几年的积累，还是达成了一些主要的共识。

首先说明：根据*ACTN3*基因577位置的多样性，可以分为*R*型和*X*型。鉴于每个人体内的每种基因都有两份，分别来自父母两方，*ACTN3*基因也有两份。如果这两份都是正常的*R*型，即显性纯合体（*RR*），快肌纤维中就有ACTN3蛋白来辅助收缩；如果一份是*R*，一份是*X*，即杂合体（*RX*），快肌纤维中也还有正常的ACTN3蛋白；但是如果两份*ACTN3*基因都是*X*，即隐性纯合体（*XX*），这时快肌纤维里就完全没有ACTN3蛋白了。没有ACTN3蛋白并不会导致肌肉功能障碍（得病或影响日常生活），因为其基本功能可以由ACTN2蛋白补偿。但确实有研究证实高功率肌肉收缩与*R*等位基因的存在呈正相关，这意味着缺乏ACTN3蛋白，在从事某些需要爆发力的运动，如短跑、跳高、跳远或举重时，成绩的提高会受到局限。

根据现有的统计，在全世界范围内，约有六分之一到四分之一的人口是*XX*型。也就是说，全世界有10亿~20亿人体内没有ACTN3这种蛋白质。同时，基因型的频率分布在民族、地域间又存在差异：大约有25%的亚洲人，18%的白种人，11%的埃塞俄比亚人，3%的牙买加和非裔美国人，以及1%的肯尼亚人和尼日利亚人，具有*XX*基因型。据推测，该基因的变异是为了适应世界各地人们的能量消耗需求而进化的，从这个角度看，不可否认不同族群的人在某项运动中可能具有先天遗传优势（或劣势）。

而在运动员群体中，几乎所有的短跑、跳高、跳远运动员都有 *ACTN3* 基因，他们不是 *RR* 型就是 *RX* 型，肯定不会是 *XX* 型。并且，除了与爆发力相关的运动表现之外，*ACTN3* 的基因型与运动适应、运动恢复和运动损伤风险等也存在关联。某些研究显示 *XX* 基因型与更高水平的肌肉损伤和更长的恢复时间有关，*R* 等位基因则与对肌肉损伤等运动损伤的保护作用增强有关。但同时，与耐力和柔韧性相关的项目，*XX* 型似乎有更好的表现。这说明 *ACTN3* 不仅仅是速度基因，而且对肌肉功能可能具有广泛的影响，对其知识的了解可能有助于将来的运动训练计划的个性化。

当然了，如果我们了解肌肉的组织结构，会发现它相当复杂。但凡去过几次健身房的人，差不多都能就红肌纤维（I 型纤维、慢缩肌纤维）与白肌纤维（Ⅱ型纤维、快缩肌纤维）、速度与耐力之类讲上个一二三[①]。但是如果还原到更精细的层面，一个简单的收缩过程就有很多分子参与。如果某些重要的结构蛋白基因突变，失去功能，那么机体可能根本无法生存，毋庸说运动。而参与调控的蛋白，则绝不止 ACTN3。只不过，目前我们能弄清楚作用方式的并不多。

---

① 白肌无氧能力高，有氧能力低，收缩速度快，收缩力量大，抗疲劳能力弱。红肌纤维又叫慢肌纤维，它的收缩速度慢，力量小，但却能够持续很长时间不疲劳。

2. *ACE* 基因

除了直接在肌肉组织中表达的蛋白之外，当然还有很多别的生物分子被认为与运动表现相关，比如近年在“新冠”流行期间逐渐被大众熟知的血管紧张素转换酶（Angiotensin Converting Enzyme，ACE）。

ACE是肾素－血管紧张素系统①中的一个关键酶（由1 300个氨基酸组成），广泛分布于人体各类组织中，主要生物作用一是降解缓激肽，二是使血管紧张素I转化为血管紧张素Ⅱ。根据*ACE*第16内含子第287碱基位置上的多态性，可以分为*II*、*ID*和*DD*等3种基因型。I和D分别代表一个丙氨酸密码的插入（Insertion）和缺失（Deletion）。携带*I*等位基因的人通常具有较低的ACE水平，而携带*D*等位基因的人具有较高的ACE水平。

从欧美学者的研究中，主要得出两方面结论：一是在登山、长跑、赛艇、铁人三项等不同类型的精英耐力运动员中，发现较高频率的*I*等位基因，提示*ACE*插入多态性与精英运动员较好的耐力表现有关；二是在力量型运动员如短距离游泳和短跑运动员中，发现较高频率的*D*等位基因。带有*D*等位基因的优秀运动员，其优异的冲刺和其他无氧表现可能与增加的肌肉量和快肌纤维百分比增加有关。这些可以通过ACE介导的

① 一个调节体液平衡的激素系统。

生长因子血管紧张素Ⅱ活化来控制。当然，这只是一种解释，其实也有一些研究表明 *ACE I/D* 多态性与运动能力之间没有关联。这主要见于中国学者的工作，这可能与族群的其他差异有关，也可能是因为 ACE 参与的生理活动更多，调控更复杂。

比如，近年的一些研究提出 SARS-CoV-2感染的发病机制与血管紧张素转换酶2（ACE2）有关，具体来说，这种新型冠状病毒是通过与血管紧张素转化酶2（ACE2）受体结合进入宿主细胞的。在目前已知的7种可感染人类的冠状病毒中，有3种是通过这种方式感染细胞的，即 SARS-CoV、SARS-CoV-2和人类冠状病毒 NL63（HCoV-NL63）。所以，有理由相信 ACE2的表达与人群分布影响病毒易感性。

在肾素－血管紧张素系统中，ACE2与 ACE 互为拮抗，就是说前者的存在会阻抑后者（反之亦然）。两者的平衡在维护心血管系统生理功能、机体炎症反应、肺损伤等过程中均发挥着重要作用。而现在的医疗系统中，ACE 抑制剂（例如缬沙坦、厄贝沙坦等药物）是维持血压平稳、降低心脑血管及肾脏不良事件风险、提高生活质量、延长寿命的基础治疗药物，许多患有基础疾病的人在长期服用。因此，在疫情之下，就有人提出服用 ACE 抑制剂也许有助于抵御新冠病毒感染，因为抑制 ACE 意味着提高 ACE2，那么更多的 ACE2受体与之结合，病毒就无法通过这种方式进入细胞了。不过，这类研究都还没有定论。

以上是题外话，回到对运动表现的影响。虽然发现ACE的多态性对人体运动能力有实质性影响早于发现ACTN3蛋白的作用，但是，其结果没有ACTN3蛋白那样明确。事实上，从进入21世纪，就有很多科学家致力于寻找与某些性状相关的基因多态性，这可以说是后基因组时代（2003年人类基因组计划宣布完成之后）的一种工作范式。比如，2005年的一项研究就显示了187个遗传位点与运动表现和体能有关，但是，这些研究基本都是相关性分析，要找到有明确因果关系的证据链则需要更多深入的研究。

尽管如此，找到与运动能力相关的基因或遗传位点已经是很有价值的研究成果，并且催生了很多基因检测项目。特别是近年来，新兴的直接面向消费者测试的市场蓬勃发展。一方面，体育工作者希望通过检测关键基因来预测运动能力，区分精英运动员和非精英运动员，以及更有针对性地指导训练以最大程度提高成绩；另一方面，很多家长也想借此识别儿童的运动才能。不过运动技能是很复杂的现象，它不仅和运动系统有关，还和神经系统、循环系统、呼吸系统等有关，综合了人的各方面的能力。并且，对竞技体育的参与者来说，就算具有遗传上的优势，训练永远都是重头。仍以*ACTN3*基因为例，在白种人中大约30%的人为*RR*型，18%的人为*XX*型，剩下超过一半的人为*RX*型，而职业运动员仅占总人口的1%。显然，并不存在超级运动员所独有的*ACTN3*组合，无论您的孩子有什么组合，他或她都将与很大一部分人口分享这一点。

对于人类的某些优异表现取决于先天遗传还是后天培养，一直都是大家热衷于争论的话题。作家马尔科姆·格拉德韦尔（1963—　）曾在《异类》一书中指出："人们眼中的天才之所以卓越非凡，并非天资超人一等，而是付出了持续不断的努力。1万小时的锤炼是任何人从平凡变成世界级大师的必要条件。"这后来演变成了著名的"一万小时定律"，即不管你做什么事情，只要坚持一万小时，基本上都可以成为该领域的专家。

但是，在体育运动领域，这个定律能否成立呢？那些统治各自项目的精英运动员，到底是具有特殊遗传组成的极少数，还是仅仅是通过意志力和强迫性训练克服了生物学极限的普通人？为了回答这一问题，美国体育记者戴维·爱泼斯坦通过对话科学家和奥林匹克冠军以及采访具有罕见遗传突变或身体特征的运动员，对遗传学和体育锻炼对人类运动能力的影响做出了很好的阐释。他在2013年出版的《运动基因》一书中，将运动的成功讲述为遗传和文化因素的综合结果，奉劝那些笃信"一万小时定律"的人必须承认遗传基础上的差异可能带来的不同效果。书中提到了更多与运动表现（或普遍健康状况）相关的基因，也关注到了运动表现中的种族差异等情况。此书2019年出了中文版，在体育课进入必修科目的当前，可能会是一本受欢迎的延伸读物。

八、活得长

寿命是一种极其复杂的表型，由环境、生活方式和遗传背景等多因素决定。在数百万年的自然进化过程中，人类需要应对的挑战主要集中在如何生存并及时繁衍后代上，并不是致力于活得更长。随着现代科学技术特别是医学的进步，人们的物质生活水平逐渐提高，寿命也延长了。很多统计数据显示，人类的预期寿命在过去一百多年里有了显著增长。以档案资料完善的英国为例，在1841年，女性平均寿命为42岁，男性为40岁；到2016年，这个数字大约翻了一番。在全世界范围，根据1960年联合国的第一次人口统计，全球人均预期寿命为52.5岁；到2018年则提升到72岁。

但是，如果仔细分析就会发现，这一数据的增长很大程度上是由于儿童死亡率大幅降低贡献的。仍以英国的研究为例，在1200—1745年间，活过21岁的人基本上寿命在62～70岁之间。也就是说，对于一个当时年满21岁的男子来说，只要不出意外（事故、暴力致死或被毒杀），那他的寿命几乎和现代人一样。这期间只有14世纪出现了例外，当时黑死病肆虐，寿命预期一度缩减至45岁。所以，医疗保健等诸多方面的改善，其实是让更多的人挺过了脆弱的婴幼儿时期，以及减少了疾病和伤害事故造成的死亡，并非在个体的延年益寿方面有多大突破。2018年，英国统计局宣布，其国民寿命已经停止增长。在全球范围内，人类寿命的增长也在放缓。因此，如果想要长命百岁，生物医学研究不能只停留在治疗疾病上，还需要弄清楚细胞衰老的问题。

当然，科学家也不是最近才开始研究细胞衰老的。早在1970年代，苏联生物学家阿列克谢·奥洛夫尼科夫(1936—)就提出了衰老的端粒假说，并预测了端粒酶的存在。他发现染色体不能完全复制其末端，由此推测每次细胞复制时这部分的DNA序列都会丢失，直至丢失达到临界水平，细胞就不再分裂复制了。他的假说回应了伦纳德·海弗利克(1928—2024)在1965年提出的“正常人体细胞分裂次数有限”这一命题。海弗利克是加州大学旧金山分校和斯坦福大学医学院的教授，也是美国国家老龄化研究所(NIA)理事会的创始成员，他的上述发现被称为“海弗利克极限”。

端粒是存在于真核细胞线状染色体末端的一小段DNA-蛋白质复合体，它与端粒结合蛋白一起构成了特殊的“帽子”结构，作用是保持染色体的完整性和控制细胞分裂周期，是染色体保持稳定的要素之一。其发现可以追溯到1930年代，美国遗传学家穆勒(见第一、三部分)用X射线诱变果蝇的工作。

穆勒观察到，受到射线辐照的染色体会出现缺失或倒位等变异，但是染色体的末端部分却不会。他认为这要归功于那里存在一种形似“保护帽”的结构，于是根据希腊文将它命名为“端粒”（telomere，意思就是“结束部分”）。接着，在1940年代，芭芭拉·麦克林托克（1902—1992）在玉米中也发现了端粒。麦克林托克因为发现转座子获得1983年的诺贝尔生理学或医学奖，是首位没有共同得奖者而单独获得该奖项的女科学家，后面第十三部分还会具体讲到她。穆勒认为端粒是染色体稳定性不可或缺的组成部分，而麦克林托克则进一步推测这些“盖帽”阻止了染色体的末端融合在一起，他们的预测后来都得到了证实，而彼时 DNA 的双螺旋结构还尚未发现。

到了1970年代，分子生物学的基础已基本确立，人们发现：依靠 DNA 聚合酶的常规复制机制不适用于 DNA 分子的末端。而新发明的 DNA 测序技术，则终于让端粒的秘密被逐渐揭开。1978年，加州大学伯克利分校的伊丽莎白·布莱克本（1948—　）首先测定了四膜虫的端粒序列，证明它是由多个5′-TTGGGG-3′重复序列串联而成的[①]，且重复的次数，每个分子都不大一样，这暗示了端粒 DNA 的复制并非以亲本染色体作为模板。

---

① 后来的实验又证明了脊椎动物的端粒均含有丰富的鸟嘌呤（G）重复序列。

布莱克本出生在澳大利亚塔斯马尼亚，1970年和1972年先后在墨尔本大学获得生物化学学士和硕士学位，1975年从剑桥大学达尔文学院获得博士学位，在那里她与著名的桑格一起开发了对DNA进行测序的方法。之后，她来到耶鲁大学约瑟夫·加尔[①]（1928— ）的实验室做博士后。在这段时间里，布莱克本接触到四膜虫这种原生动物。

四膜虫与一般人熟知的草履虫有很多相似性，是一种单细胞真核生物。它有大小两种细胞核，小核负责生殖，大核负责维持细胞营养生长。比较神奇的是，它的大核在形成过程中，其基因组中原本的5条染色体会被切割成将近200段，且每条染色体不再只有2个拷贝，而是有45个拷贝之多。相较于其他生物细胞中端粒结构的有限数量，四膜虫大核里这将近一万条染色体提供了大量的端粒。足够的丰度是布莱克本在1970年代就能对端粒进行测序的重要条件（在测序技术刚被发明出来时，并不是随便哪段DNA都能被测定）。

1985年，布莱克本与她的博士生卡罗琳·格雷德（Carolyn Greider，1961— ）又发现了可以给端粒DNA加尾巴的端粒酶。这一发现不但开启了一个新的研究领域，也为她们赢得了2009年诺贝尔生理学或医学奖。一起获奖的还有出生在加拿

---

① 加尔是一位著名的美国细胞生物学家，因鼓励女性从事生物学研究而特别受到赞誉。

大的波兰裔美国人杰克·绍斯塔克（1952— ），他们的获奖原因都是对“端粒和端粒酶如何保护染色体”的研究。

端粒酶（telomerase）是一种由RNA和蛋白质组成的核糖核蛋白复合体，属于反转录酶，在细胞中负责端粒的延长。它以自身的RNA作为端粒DNA复制的模板，合成出富含脱氧单磷酸鸟苷（dGMP）的DNA序列后添加到染色体的末端并与端粒蛋白质结合，从而稳定染色体的结构。在正常人体细胞中，端粒酶的活性受到相当严密的调控，只有在造血细胞、干细胞和生殖细胞等必须不断复制分裂的细胞中，才可以检测到具有活性的端粒酶。它的存在，可以让端粒不会因细胞分裂而有所损耗，于是细胞得以更多次地进行分裂复制，更长时间地保持活力。

很多研究认为染色体端粒的长度与衰老过程密切相关——端粒随着年龄的增大而逐渐缩短，而端粒酶可以减缓端粒的缩短速度，因此，它的发现一度让人们以为找到了不老仙丹。确实，在人类中，就重要的认知和身体能力而言，端粒长度是正常衰老的重要生物标志。很多遗传性的早衰综合征被证明与短端粒相关联，如沃纳综合征、早老症等。不过，也有很多研究显示了不同的结论，而且，端粒的生理功能还远未厘清。例如，恶性肿瘤细胞中端粒酶的活性很高，正是因为有它维持端粒的长度，癌细胞才能无限制地扩增。那么，如果以延缓衰老为目的提升端粒酶的活性，会不会适得其反地引发癌症呢?

生物体是一个复杂系统，布莱克本等人在2017年出版了一本名为《端粒效应：活得更年轻、更健康、更长寿的革命性方法》的科普书，提及睡眠质量、运动、饮食、情绪等很多会影响端粒的因素，倡导健康生活方式。她并没有提及特定的基因，也就是说，虽然知道了端粒在健康、长寿中的重要作用，但是要探知与衰老和寿命相关的具体遗传因子还需要尝试其他角度。这里，我们总结3种常见的思路。

1. 研究遗传性的早衰综合征

在研究基因的功能时，一个惯常的思路是通过引发目的基因突变（或者敲除、使之功能缺失），观察个体表型的变化，推测该基因在正常状态下应该发挥的作用。对人类当然不能采用这种方式，但一些遗传性疾病患者（相当于天然的突变个体）的存在使这类研究成为可能，而研究遗传性的早衰综合征就为理解衰老问题提供了重要依据。

以前面提到的沃纳综合征为例，此综合征在1904年由德国人奥托·沃纳（1879—1369）首先报道，表现为学龄期或青春期生长突然停滞。它是一种常染色体隐性遗传性疾病，多见于有血缘婚姻的子代。患者体细胞端粒比一般人的端粒以更快的速度变短，导致在青春期后迅速衰老，出现矮身材、脱发、白发、声音嘶哑、皮肤角化、关节僵硬、肌肉萎缩、白内障等症状。1981年，遗传学家将导致此综合征的基因(*WRN*)定位在了8号染色体上，1996年，该基因被克隆出来。

研究发现，正常的*WRN*基因编码一种1 432个氨基酸的蛋白(沃纳蛋白)，它同时具有解旋酶和核酸外切酶的功能。解旋酶负责解开并分离双链DNA(这是DNA修复和DNA复制中必不可少的步骤)，在受损DNA的修复特别是双链断裂的DNA修复过程中具有重要作用；而核酸外切酶则通过去除一些核苷酸来修饰受损DNA的末端，这些功能的丧失就会导致沃纳综合征的发生。换句话说，沃纳蛋白能够解开DNA，然后去除意外产生的异常DNA结构。正常的沃纳蛋白对于维持基因组稳定性非常重要。引起沃纳综合征的突变主要是*WRN*基因的C末端区域丢失，使沃纳蛋白失去了解旋酶活性，但是更进一步的调控路径和机制尚不清楚。在很多早衰综合征中发生突变的基因都在DNA损伤的修复中起作用，而增加的DNA损伤本身可能是过早衰老的一个因素。因此，有人提出了衰老的DNA损伤理论。

按照这个理论，DNA修复不足会导致DNA损伤的积累更多，从而导致过早老化，DNA修复的增加有助于延长寿命。到1990年代初期，对这一想法的实验支持已经很丰富，尤其是DNA氧化所造成的破坏，显现为衰老的主要原因。当然损伤发生的位置不同，效果也会不同。在分裂频繁的细胞中，DNA损伤是引发癌症的重要原因；与此相反，在很少分裂的细胞中，

DNA 损伤则可能是衰老的重要原因。因此，所有涉及 DNA 损伤及修复的基因，也就潜在地与寿命相关。

2. 研究长寿的个体 / 群体

这里需要提到一个新的方法，称为全基因组关联研究（Genome-Wide Association Studies，GWAS）。它通过对大规模的群体 DNA 样本进行全基因组高密度遗传标记（如单核苷酸多态性 SNP 或异常的 DNA 拷贝数变化 CNV 等）分型，从而寻找与复杂疾病（或特征性状）相关的遗传因素。这是在测序技术全面提升并且成本大幅下降之后才得以应用的，近年来，使用这种方法已经产生了大量的新发现。但是，在对长寿或衰老表型所做的全基因组关联分析中，却很难找到确凿证据证明长寿的新基因位点。有若干研究小组选取 85、90 或 100 岁以上的高龄群体进行了全基因组关联分析，他们各自提出了一些候选基因，而在所有 GWAS 数据中都出现了的唯一一个基因是 *APOE* 基因。

APOE 位于 19 号染色体，编码一种 299 个氨基酸的载脂蛋白（载脂蛋白 E）。该蛋白负责包装运输胆固醇和其他脂肪，在脂肪代谢中起至关重要的作用，其功能与老年痴呆和心血管疾病等都密切相关。它有 3 个主要的等位基因（*E2*、*E3* 和 *E4*），其中最常见的是 *E3*，在总人口中占了 70% 以上，被认为是“中性”的基因型。*E2* 等位基因对应的载脂蛋白与细胞表面受体

的结合较差。如果是带有一对 *E2* 的纯合个体，清除饮食中脂肪的速度可能会比较缓慢，更容易罹患早期血管疾病和遗传性的高血脂。*E4* 等位基因则与动脉粥样硬化、老年痴呆、多发性硬化症、睡眠呼吸暂停等很多血管和神经系统的疾病相关，它的存在会加速端粒缩短并减少神经突向外生长。尽管具有致病倾向，*E4* 等位基因在群体里的占比却并不低（13.7%）。相对于 *E2* 和 *E3*，它的显著优点是与体内维生素 D 和钙的含量、生殖力以及幼年期的免疫力呈现正相关，这大概能解释它为什么没有在漫长的进化过程中被筛选掉。事实上，载脂蛋白并非哺乳动物独有的，许多陆地和海洋脊椎动物都有它们的版本。在鞭毛虫中也发现了功能相似的蛋白质，这表明它们是一类非常古老的蛋白质。

除了 *APOE* 基因之外，使用 GWAS 也发现了基因组中一些其他的位点与长寿相关，但是否存在明确的联系尚需进一步研究。总的来说，生物衰老的过程非常复杂，而全基因组关联研究（GWAS）则是当前探索具有复杂表型的多基因关联性状最常用的方法。如果你关注了科普类的公众号，可能经常会看到这样的报道标题，说“根据某单位的 GWAS 研究，发现了与某性状相关的新基因”。但是，这种结果通常是很初步的，必须经过进一步分析才能获得比较确定的信息。

3. 研究长寿的其他生物

众所周知，龟鳖类的寿命较长（它们也经常被当作长寿的象征），而象龟则是寿命最长的脊椎动物之一，平均能活过100年。因此，它为研究长寿和与年龄有关的疾病等特性提供了一个很好的模型。

2018年，西班牙奥维耶多大学和耶鲁大学的研究人员对两种象龟与其他动物的基因组序列进行了比较分析，找到了一些可能与长寿相关的基因特性。其中，一个显著的特点是：与其他脊椎动物相比，几种已知的肿瘤抑制因子（抑癌基因）在这两种象龟中都有加倍。巧的是，在另外一种长寿的动物——大象中，也发现了抑癌基因的加倍。前面第六部分提到的*P53*基因，在大象体内有20个拷贝，而在人类和很多动物体内这种基因只有一份，这也解释了为什么大象能活到70岁，却很少患癌。

此外，与免疫相关的某些基因在象龟中也得到了加倍。例如，编码穿孔素（perforin）的*PRF1*基因，在鸟类和哺乳类动物中只有一个拷贝，但是在象龟中却有12个拷贝。其他龟类中，*PRF1*基因也有多个备份。已知穿孔素会插入靶细胞的细胞膜中，并形成孔隙，促使入侵或异常的细胞发生溶解，从而实现自我保护。有缺陷的*PRF1*等位基因的纯合遗传，会导致一种罕见且致命的病症。这类基因的加倍，则暗示免疫系统的增强，可能有利于寿命延长。

总而言之，虽然利用分子遗传学的最新方法，找到了一些与衰老和长寿相关的候选基因，也提出了一些理论，但是，科学家对寿命的遗传因素的理解仍然非常有限。据估计，在食物充沛、医疗卫生系统健全的发达国家，一个人的寿命长短大约只有四分之一可以归因于遗传因素。它们与环境和生活方式因素以复杂的方式相互作用（而最新的研究显示人体内的微生物组对人类寿命也有影响），使长寿成为一种高度可塑的特征。

随着人口老龄化的加剧，抗衰老已经成为人类面临的最大挑战之一。在生物医学领域，寻找与衰老相关的基因以及抗衰老的机制，将是研究人员的长期目标。同时，我们也应该意识到：生活环境、生活方式以及各种社会文化因素也可以造成个体之间的巨大差异。在研究清楚之前，与其羡慕期颐老人的“长寿基因”，不如养成良好的生活习惯，比较能够让我们在衰老这个不可避免的过程中保持健康和活力。

九、睡得少

睡眠对人类的生存至关重要，普通人一生要花三分之一的时间来睡觉，而很多疾病，包括癌症、心血管疾病和阿尔茨海默氏病等，都与睡眠质量差有关。但是，我们对睡眠（尤其是睡眠的遗传学基础）却知之甚少。1980年代以来，分子遗传学在人类疾病的研究中开始发挥重要作用，很多人致力于研究与睡眠不足有关的疾病以及如何通过睡眠来改善健康等。但是对睡眠行为的研究比对疾病的研究更具挑战性，因为行为表型通常更复杂，并且受许多环境因素的影响。事实上，在1990年代之前，很少有学者尝试从基因变异的角度研究动物行为，甚至有人在会议上拿它开玩笑，认为从基因角度出发是愚蠢的，不会有任何发现。但研究结果证明，基因对生物的行为影响巨大。2017年，获得诺贝尔生理学或医学奖的3位科学家，主要贡献就是找到了操控昼夜节律的分子机制。

在摩尔根的果蝇那一部分，我们曾经简单提到过一下，他们是美国布兰戴斯大学的杰弗里·霍尔和迈克尔·罗斯巴什以及洛克菲勒大学的迈克尔·扬。这两所大学都是小型的私立学校，但是在生物学研究领域都很强。上述3人的工作，其实都沿袭了西摩·本泽开创的范式。

本泽在1960—1970年代从噬菌体遗传学领域转向行为遗传学，工作单位也从普渡大学搬到了加州理工学院。行为遗传学在当时还是个非常新兴的领域，很多学者认为行为是复杂的现象，不能还原到单个基因的水平。但本泽这个前物理学家，显然已经被还原论浸入骨髓，他坚定地认为动物的行为没有复杂到不能用单个基因来解释。他以果蝇为材料，先诱导突变得到很多突变体，然后从中筛选分离具有特定行为特征的个体，用来分析各种行为的遗传基础。这种研究路径称为“正向遗传学”。它对应的是“反向遗传学”，原理是先改变某个特定的基因或蛋白质，然后再去寻找有关的表型变化，不过这得是有了一定积累之后才能够应用的方法。像本泽这样的初代分子遗传学家，使用正向遗传学方法，识别了很多有趣的突变体。本泽为此还开发了不少新的实验装置，确定了果蝇在趋光性、运动协调性、压力敏感性、神经和肌肉功能、性功能，以及学习和记忆等方面的突变体，对行为遗传学领域产生了深远的影响。

霍尔、罗斯巴什和扬他们，在本泽的基础上，发现了9 ~ 12组与生物钟有关的基因，并研究了其编码的mRNA及蛋白是怎样运作的。他们跟本泽一样，使用果蝇为模式动物。不过，大家更关心的显然还是人类自身如何控制自己的生物钟。这方面的进展要到1990年代中后期，研究人员首先从小鼠中分离出了与昼夜节律有关的基因，继而克隆了人类的同源基因。目前，已经发现了数十个与哺乳动物生物钟有关的基因，其中半数以上都是由美国西北大学睡眠和昼夜生物学中心（CSCB）的研究人员鉴定出来的。这些基因不仅作用于睡眠，也对新陈代谢、生殖、情绪等多种生理过程发挥影响。在此，打算先介绍一个与早睡早醒有关的基因，再介绍两个近年来引发了颇多关注的基因，因为其突变体可产生自然的短睡眠：终生夜间睡眠仅持续4～6小时，整个人却感到已完全得到休息。这样的特性在快节奏的现代生活中特别受到羡慕，因此发生变异的这类基因也被称为“超人基因”。

1. *hPer2* 基因

这一系列研究，最初都出自美国加利福尼亚大学旧金山分校的傅嫈惠－帕塔克研究组。傅嫈惠出生于台湾地区，1980年在台湾地区的中兴大学获得食品科学学士，1986年从美国俄亥俄州立大学获得生物化学和细胞生物学博士，之后相继在俄亥俄州立大学和贝勒医学院做博士后，主要研究内容分别为真菌的基因调控和人类基因组。她在工业界工作了4年后返回学术界，担任犹他大学研究副教授。路易斯·帕塔克是捷克裔美国人，1982年从美国威斯康星大学麦迪逊分校获得数学和科学学士，1986年获得该校医学院的医学博士学位，之后到犹他大学担任住院医师。期间，他开始对遗传性疾病的研究产生兴趣，对好几种“离子通道病”[①]的发现都做出了不小的贡献。他们在犹他大学时建立了学术合作，后来一起到加州大学组建了联合实验室。

合作的源起是在1996年，当时犹他大学专门研究睡眠障碍的神经科医生克里斯托弗·琼斯接诊了一名女病人，她说自己每天必须很早就去睡觉，而且会很早醒来。琼斯联系了傅婴惠和帕塔克，共同对这名女性及其家人的睡眠特性进行研究。经过观察，他们用家族性晚期睡眠阶段综合征（FASPS）这个新名词来定义这家人的睡眠特征，其具体表现是每天傍晚（晚上7点至9点）嗜睡和清晨醒来，他们的睡眠周期是22小时而非24小时，需要药物或光刺激来调节，才能适应日常生活节奏。

2001年，根据对上述早起者家族的连锁分析结果，傅婴惠和帕塔克将导致这一综合征的基因定位在了2号染色体长臂的末端靠近端粒处。要知道，此时人类基因组计划尚未完成，已有的零散图谱并未覆盖这个区域。因此，他们鉴定并测序了该区域的所有基因，发现其中之一与一种维持昼夜节律的哺乳动物基因 *Period2*（*Per2*）同源。于是将它命名为 *hPer2*，其中

① 由于编码离子通道亚单位的基因发生突变或表达异常，导致离子通道的结构或功能异常所引起的疾病。

"h" 表示人类(而非果蝇或小鼠品系)。

Period 是一个基因家族，其中 *Per* 正是本泽他们1971年在果蝇中发现的首个与昼夜节律有关的基因。在哺乳动物中，该家族有3个成员：*Per1*、*Per2* 和 *Per3*，其功能也涉及各种其他非昼夜节律过程。在野生型个体中，Per2蛋白通过与蛋白激酶 CK1结合，形成一种负反馈调节来维持生物钟的节律。

傅嫈惠和帕塔克在这个早起者家族中检测到的 *hPer2* 基因发生了一个点突变，使其第662位的丝氨酸变成了甘氨酸，而这正是 Per2蛋白与 CK1结合的区域。突变的蛋白更稳定，并且能更快地进入细胞核，这导致 *hPer2* 基因转录更快地被抑制，从而缩短个体的昼夜节律周期并导致 FASPS 症状。

2. *DEC2* 基因

hPer2 是第一个被克隆的人类昼夜节律基因，不过 *hPer2* 不是突变时引起 FASPS 的唯一基因。它的发现促使傅嫈惠和帕塔克进一步开展对昼夜节律基因的研究。2002年，他们在加州大学旧金山分校共同组建了神经生物学实验室，主要研究方向是：定位人类睡眠基因，揭示人类睡眠调节和人类昼夜节律的分子机制。

不久，一个新的机遇，让他们发现了一个导致自然的短睡眠的基因突变。这次，他们找到的是一对母女，她们通常每晚只需要6个小时的睡眠，也就是在正常时间(晚上11点至午夜)

上床睡觉，但在早上5点就会自然醒来。2009年，傅嫈惠和帕塔克的研究小组报道了在这对母女的*DEC2*基因上发现了一种罕见的遗传突变（P384R，第384位的脯氨酸P被精氨酸R替换），认为就是这一突变造成了他们的短睡眠特性。

*DEC2*基因也叫*BHLHE41*（basic helix-loop-helix family，member e41，基本螺旋－环－螺旋家族成员e41），位于12号染色体短臂，编码的是一种食欲素（orexin）的转录阻遏物。食欲素是下丘脑分泌的神经肽激素，主掌人体的觉醒，使中枢神经处于清醒状态，也掌控食欲。正常情况下，DEC2蛋白通过抑制食欲素基因的转录，减少食欲素的表达。DEC2蛋白按昼夜节律振荡：白天水平升高，晚上水平降低，由此调节人类的生物钟。在人类短睡眠者中出现的突变削弱了*DEC2*基因的正常功能，导致更多的食欲素产生，于是使携带者保持更长的清醒时间。这一发现提供了第一个确凿的证据，证明自然的短睡眠至少在某些情况下是遗传的，这些人不是通过训练让自己早起的，他们生下来就是这样。

2014年，另外一组研究人员对100对双胞胎的睡眠行为进行了对比实验。其中一对双胞胎中，具有*DEC2*基因变异的个体比没有这个突变的双胞胎兄弟每天少睡了至少1个小时，在睡眠剥夺实验（连续38个小时不睡觉）里，他的精神失误以及需要的恢复睡眠也较少。不过他的*DEC2*突变跟那对母女不同，是第362位的酪氨酸变成了组氨酸。2018年，傅嫈惠和帕塔克研究组构建了*DEC2*基因发生P384R突变的小鼠，这样的转基因小鼠需要的睡眠更少，进一步证明该基因变异确实可以产生自然的短睡眠。此外，统计显示只要是突变*DEC2*基因的携带者，平均每晚睡6.25小时就能精力满满，而非携带者却平均需要8.06小时。也就是说，这个短睡的*DEC2*基因是一个显性基因。

但这在揭开纠结的睡眠遗传网的过程中，只是迈出了第一步。*DEC2*突变非常罕见，必定还有其他基因突变通过不同的途径起作用。在这之后，陆续又有50余个每天只需不到6.5小时睡眠的短睡家族被确认。

3. *ADRB1*基因

傅嫈惠和帕塔克的团队对一个编号为K50025的短睡家族进行了研究。通过单核苷酸多态性（single-nucleotide polymorphism，SNP）连锁分析和全外显子测序，他们发现，这个短睡家族中突变的是*ADRB1*基因。这个*ADRB1*同样是个显性基因，携带*ADRB1*突变的人平均每晚只需要睡5.7小时，而非携带者平均需要睡7.9小时。

*ADRB1*基因位于10号染色体长臂上，编码的是β1肾上腺素受体（beta-1adrenergic receptor，β1AR），它是一种G蛋白偶联受体①，主要在心脏组织中表达，也是美托洛尔这类降压

① 这是一大类膜蛋白受体的统称，它们参与很多细胞信号转导过程。

药的靶点。在大脑中，去甲肾上腺素信号一直被认为参与了睡眠的调节，尤其是β受体，与清醒和快速眼动睡眠（REM）有关。临床上，也确实发现了β受体阻滞剂类的药物有可能引起失眠。

与*DEC2*中发现的突变一样，这次在*ADRB1*基因中发现的也是单碱基突变，携带者的β1肾上腺素受体中，第187位的丙氨酸变成了缬氨酸。这种突变的β1AR蛋白稳定性显著下降，相当于天生自带β1受体阻滞剂。这样的突变，大约每10万人中只有4个。

然后，科学家在携带该基因突变版本的小鼠中进行了许多实验。他们发现，这些老鼠每天的睡眠时间比普通老鼠平均少了55分钟。进一步的分析表明，*ADRB1*基因在脑桥的表达水平高，而脑桥是潜意识活动（如呼吸、眼球运动和睡眠）的一部分。具有正常*ADRB1*基因的个体，该区域的神经元不仅在清醒期间活跃，而且在快速眼动（REM）睡眠期间更为活跃；但是，它们在非快速眼动睡眠中就安静了。而突变的个体，其神经元比正常的神经元更活跃，这可能是导致短时睡眠行为的原因。

在本部分提到的3个基因（*hPer2*、*DEC2*、*ADRB1*）中，后两个的突变被认为能带来自然的短睡眠。不过这些都是最近才产生的认知，相关研究还很不充分。

在竞争激烈的现代社会，很多人以牺牲睡眠为代价追求成功，甚至有人鼓吹所有人都可以通过减少睡眠来取得更大的成就。一些名人的例子经常被拿出来当作励志的标杆，例如英国首相温斯顿·丘吉尔(1874—1965)、发明家托马斯·爱迪生(1847—1931)等，都以睡觉少著称。灯泡之父爱迪生更直言自己是睡眠的敌人，称睡眠为“从洞穴时代来的遗产”。美国总统唐纳德·特朗普也经常吹嘘自己每晚只需要3～4个小时的睡眠。

遗传学的证据表明，人群中的一小部分确实存在突变的短睡眠基因，使他们能够在很少睡觉的时候保持清晰思考的能力，做出明智的决定。但大部分人每晚仍然需要7～9个小时的睡眠，通过限制睡眠来获得职业发展，其实是种得不偿失的尝试，并且会带来健康风险。

为理解睡眠的遗传基础做出了重要贡献的傅嫈惠在2018年当选美国科学院院士，是当时的7位华人院士之一。可能是华裔女性的身份，让她在国内的知名度比一般科学家要高。当然，她研究的问题也比较容易获得关注。傅嫈惠曾经表示，希望通过研究天然的短睡眠者，了解什么因素可以使一夜安眠，从而使所有人都能体验到更好的睡眠质量和睡眠效率，过着更幸福、更健康的生活。大概每个希望取得非凡成就的人都梦想：获得一个基因突变，使他们每晚比别人少睡几小时而仍能正常工作。但是，在科学家扎实了解睡眠之前，还有很长的路要走。一个人需要睡多少，必须听从自己的身体，找到最适合的时间。

十、性别决定

有性生殖是绝大部分多细胞生物的繁殖形式，包括几乎所有的动物、植物和大型真菌。很多原生生物也进行有性生殖，不过它们不见得是我们熟悉的雌雄两种性别。例如，第八部分提到的布莱克本用来测端粒序列的四膜虫就有7种性别，它们交配产生的后代，其性别（mating type）形成的过程是随机的，可能结果与父母的性别都不一样。

从化石记录中发现，最早的有性生殖出现于12亿年前的元古宙[①]。但是一个物种为什么会有性别之分呢？这个问题在一百多年前，就曾经令达尔文困惑不已。时至今日，人们仍未找到一个被普遍认可的理论，它也被称为“进化生物学问题之皇后”。

1866年，有19世纪第二著名的进化理论家之称的德国人奥古斯特·魏斯曼（见第三部分）提出了一种解释。他认为，通过有性生殖对基因进行改组，就创造了自然选择所作用的对

---

① 原核生物的接合生殖现象可以追溯到更早的20亿年前，不过那毕竟不算真正的有性生殖。

象——“个体差异”，换句话说就是提高了后代的遗传多样性。此外，在有性生殖出现后，性选择作为一种自然选择模式，又成为一种重要的推动进化的机制。在这种模式下，那些受异性欢迎的个体能够繁殖更多的后代，它们携带的基因在群体中的频率就会提升，这是一种在无性种群中不存在的强大进化力量。

到了分子生物学时代，对有性生殖的起源又提出了另一种解释，即出于修复遗传损伤的需要——二倍体个体可以通过同源重组修复 DNA 中受损伤的片段，因为细胞内该基因有两个拷贝，当一个拷贝受损伤时，可以假定另一个拷贝未受损。但是，单倍体个体中发生的突变，却更有可能得到保留，因为在无从得知原序列未受损时是什么样的情况下，DNA 修复机制也没法按原样修复。由此，还有人推测有性生殖最原始的形式可能是一个具有受损 DNA 的生物体从一个类似的生物体中复制未受损的链以修复自身。

当然，以上都是假说。基本上，能够肯定的是：有性生殖给同一物种中两个生物体提供了聚集其资源的机会；并且，它还有一个明显优势是可以阻止基因突变的积累。同时具备有性和无性两种繁殖方式的生物，在环境压力较大时往往倾向采用有性生殖，反之采用无性。换个角度说就是，在同样的环境条件下，适应良好的个体进行无性繁殖，而不太适应的个体进行有性繁殖。这样，适应良好的基因型不会因重组而分裂，但适应不良的基因型可以重组以在后代中产生新的组合。

经过漫长的进化过程，如今，多细胞生物的有性生殖机制多种多样，也给研究行为、进化、发育、遗传等领域的生物学家带来了各种有趣的课题。从分子遗传学的角度来说，最重要的一个问题就是决定性别的基因是什么？

现在我们知道，在许多情况下，性别由遗传物质决定：雄性和雌性有不同的等位基因甚至不同的基因来决定他们的性形态。在动物及雌雄异株的植物中，这往往伴随着染色体的差异。在其他情况下，性别还可能由环境因素（如温度）决定。例如，在1966年对西非鬣蜥的观察中就发现，这种卵生动物孵化后的性别比例受孵化温度的影响。之后，又发现，所有鳄类、大部分龟鳖和部分蜥蜴等爬行动物中，都存在这样的温度依赖型性别决定模式。这与表观遗传有关，后面第十七部分会再谈到。本部分，讨论将主要限定在人和哺乳动物的范围。

1. 早年的研究

从古希腊时期开始，就有人在探究自身的性别差异。由于怀孕和生产的重要任务是女性承担，所以，早期的观察主要是围绕女性进行的。据记载，活动于公元1—2世纪的希腊医生索拉努斯（Soranus）[①] 第一个发表了对卵巢的详细解剖学描述。

① 他出生在以弗所，先后在亚历山大和罗马执业，现存用希腊语撰写的4卷妇科著作《论妇女病》。

在中世纪的学术停滞之后，1555年，现代解剖学之父安德雷亚斯·维萨里（1514—1564）对卵巢卵泡和黄体做了首次权威性描述，而他的学生加布里瓦·法罗皮奥（1523—1562）则在1562年发现了输卵管。更进一步的发现要等到显微镜发明（且质量提高）之后。1827年，卡尔·冯·贝尔（1792—1876）① 报告了哺乳动物的卵母细胞，他也最先用精子（spermatozoon）这个词取代了原来大家用于描述它的“微动物”（animalcule）一词。但直到这个时候，人们对精子的作用还不甚了了，许多科学家仍将它视为精液中存在的一种寄生虫。1835年，解剖学家理查德·欧文（1804—1892）将精子作为寄生虫做了分类处理——把它们归为纤毛虫目的一种内寄生虫。1841年，瑞士科学家阿尔伯特·冯·科利克（1817—1905）的研究才证明了精子不是寄生虫，而是从睾丸细胞发育而来的能动自体细胞。1875年，爱德华·凡·贝内登（1846—1910）首次观察到哺乳动物的受精和减数分裂。所以，可以说直到19世纪末至20世纪初，才对人类的两种性别在生殖繁衍中的角色有了大致正确的认识。不过，关于胚胎的性别，一般还认为是由环境因素（如母体营养）决定的。通过世纪之交一系列对昆虫的研究，才陆续弄清大多数动物的性别是由其染色体组成决定的。

① 贝尔出生于波罗的海地区（今属爱沙尼亚）的德意志贵族家庭，有探险家、博物学家、胚胎学创始人等多种名号。他还是俄罗斯科学院成员，参与创建了俄罗斯地理学会。

首先是1890年，德国细胞学家赫尔曼·亨金(1858—1942)在研究一种常见昆虫(红蝽)的生殖细胞时，发现有个染色体没有参与减数分裂，由于他不知道它是否真是一个染色体，也不知道它的作用，于是将它命名为X。1901年，美国动物学家克拉伦斯·麦克伦(1870—1946)将他对草螽属的研究与亨金等人的研究比较后，发现蝗虫的精子只有一半有X染色体。他由此推断，X染色体不是普通染色体，而是有性别决定作用的性染色体。1905年，奈蒂·史蒂文斯研究黄粉虫时，发现了Y染色体，并认识到Y染色体在性别决定中起了主要作用。

前面讲摩尔根的时候，提到过奈蒂·史蒂文斯，其实，摩尔根还是她的博士导师，而史蒂文斯则是美国女性中第一批因科学贡献而获得认可的人之一。史蒂文斯出生于佛蒙特州，后来搬到了马萨诸塞州的韦斯特福德。她的父亲是一名木匠，这听起来不是个高端职业，不过挣的钱足以支持她和妹妹接受了很好的高中教育。她们姐妹俩都上了韦斯特菲尔德师范学校，奈蒂在两年内完成了四年制课程，并以全班最高分毕业。1896年，她进入新成立的斯坦福大学，并于1899年和1900年分别获得学士和硕士学位，之后，她来到布林莫尔学院攻读博士学位，期间也曾到欧洲的几个实验室短期工作。

她的大部分研究都是在布林莫尔学院完成的，在那儿她研究了原始多细胞生物的再生、单细胞生物的结构、精子和卵子的发育、昆虫的生殖细胞以及海胆和蠕虫的细胞分裂等很多课题。其中最重要的一项就是上面提到的对黄粉虫的观察——她发现雄性黄粉虫会产生两种精子，一种具有大染色体，另一种具有小染色体。带大染色体的精子与卵子结合，产生雌性后代；而由小染色体精子受精的卵，则产生雄性后代。这就是后来被称为X和Y染色体的性染色体。

一个事关雄性骄傲的重大发现，却是由女性做出的，并且还是在那么一个女性备受歧视的年代，现在看来颇有点反讽意味。史蒂文斯获得的最高职位只是实验形态学助理，还经常被排除在学术研讨会之外。不过这都是题外话了，回到科学本身：真正发现人类细胞中存在的男性特有染色体——Y染色体要到1921年，美国动物学家提奥菲勒斯·裴恩特（1889—1969）的工作。他第一个发现了人类性别是由X/Y异型染色体对机制决定的，同时还报道了人类的染色体数量为24对。这个错误的数字流传了30多年，直到1956年使用了更为先进的显微呈像技术之后才得到纠正。

后来科学家陆续发现，大多数哺乳动物、一些昆虫和鱼类都有X和Y染色体，并表现出雄性和雌性两种性别。它们的精子中有一个Y染色体或X染色体，卵子中有一个X染色体。这种XX–XY型机制是最常见的也是大家最熟悉的性别决定机制。其中，Y染色体在哺乳动物的性别决定中起非常重要的作用，一般具有Y染色体的胚胎发育为雄性，而缺乏Y染色体的胚胎则发育为雌性。如果Y染色体出现异常，哺乳动物雄性个体的雄性特征和雄性生殖器就会出现发育异常。

当然，认识到这一点也花了些时间，因为还有一种理论认为是X染色体的比例决定着性别，在我们熟知的明星实验动物果蝇中就是这样。其性染色体也有X和Y两种，看起来和人类差不多。但在果蝇中，X染色体与常染色体之间的比例（倍性比）才是性别决定的关键——这个比例为1∶1时发育成雌蜂，为1∶2时发育成雄蜂（Y染色体只在精子发育中起作用，在早期的性发育中并不重要，XO型的果蝇可以发育为雄性个体，但产生的精子无活动能力）。该理论也有过很重要的影响，直到在哺乳动物中发现了性染色体异倍体才被推翻。

2. *SRY*基因

在人类自身，性染色体的研究是到了20世纪中叶，通过研究一些性染色体异常的病人来推进的。最早发现性染色体异常疾病的，可能是美国内分泌学家亨利·特纳（1892—1970），他在1938年命名了一种女性因X染色体部分或完全缺失而导致第二性征缺失的疾病——特纳综合征（Turner syndrome）。1942年，另一位美国内分泌学家哈里·克兰费尔特（1912—1990）又描述了一种男性不育的疾病，它是由一条额外的X染色体导致的，称为克氏综合征（Klinefelter syndrome）。不过，这些病例在最初被描述的时候并没有与染色体异常联系起来。

直到1956年人类染色体的正常数量（46条）确定之后，各种性染色体非整倍体（47，XYY；45，X；47，XXX；48，XXYY）才陆续被发现。

通过观察分析这些病例，基本证实了Y染色体是人类性别决定的关键，并推测在Y染色体上携带着决定雄性发育的基因，其功能是诱导睾丸的发育，而睾丸分泌的激素促使性别分化。人们使用睾丸决定因子（testis-determining factor，TDF）来称呼这种未知的基因。不过，在Y染色体上寻找TDF候选基因的工作可不容易，毕竟那还是在分子生物学的发展初期，人们能对DNA进行的操作非常有限。1987年，麻省理工学院的戴维·佩奇（1956—　）等研究了一些性染色体组合为XX的男人，他们的表型为男性，是因为其X染色体带有从他们父亲的Y染色体上得到的睾丸决定因子。细胞遗传分析表明TDF一定在Y染色体的短臂末端上，邻近拟常染色体配对区[①]。而该区域只有一个基因，编码一种含“锌指”[②]的蛋白质，具有明显可与DNA结合的结构特征，因而可能参与

① 拟常染色体区是X染色体和Y染色体间唯一可发生互换的位置，这也是它的名称由来。由于会发生互换的是常染色体，X染色体和Y染色体一般没有互换的现象，只有在拟常染色体区反常地出现了互换，导致男性和女性都带有两个该区域基因的复本。这使拟常染色体区的基因表达类似常染色体而非性染色体的伴性遗传模式，因而得名。

② 经常出现在DNA结合蛋白中的一种结构基元，含有大约30个氨基酸。其中含锌的部分与其他化学基团结合，形成的结构像手指状，由此得名。

基因表达的调控，极有可能是TDF的候选基因。最后在1990年，英国和法国的一组科学家在此区定位克隆出了这个基因，并将它命名为性别决定基因(sex-determination region of Y-chromosome，*SRY*)。

在减数分裂时，*SRY*基因可从Y易位移至X染色体，导致XX受精卵发育出雄性特征，但是他们的生殖器官不能完全正常发育，且无生殖能力。具有XY的个体，如果其*SRY*基因发生突变，则会造成男性性器官形成障碍而发育成女性性器官。而在小鼠中进行的实验则发现，如果把*SRY*基因导入本来应该是雌性的老鼠(携带XX染色体)体内，可以使它们发育成雄性。这些结果都表明*SRY*是决定男性性器官(睾丸)发育的一个关键基因。

现在我们知道*SRY*基因编码一个具有204个氨基酸的蛋白质，该蛋白可以分为3个区域，其中79个氨基酸构成了一段称为HMG盒(high mobility group box，HMG-box，高速泳动家族)的保守片段。通常，HMG盒是一段与DNA结合的结构域，这意味着SRY蛋白是一种转录因子，它在男性性别决定中的作用是通过调节其他特异性基因的表达来实现的。此外，SRY蛋白还有2个独立的核定位信号区(nuclear localization signals，NLS)，分别位于HMG盒的C末端和N末端。无论哪部分出现变化都会影响*SRY*基因的正常表达，进而影响性器官发育。虽然性别决定肯定还需要许多不同的基因，但*SRY*

很可能是它们的开关基因(switch gene)。

随着对*SRY*基因的研究越来越深入，一些新的实验数据表明它不仅在睾丸中表达，在男性大脑特别是下丘脑黑质区也有表达。这说明*SRY*不仅对性别决定起关键作用，还会影响到运动神经的协调性，并且可能参与帕金森综合征和其他多巴胺关联性疾病的发生。

*SRY*基因刚被发现不久，曾一度被认为是唯一的性别决定基因，可以通过寻找该基因片断达到判断测试者的性别的目的，若样本中存在该基因表示受试者是男性，否则为女性。1992年国际奥委会就将它作为奥运会上进行性别验证的一种手段。但是，在1996年夏季奥林匹克运动会上发现了一些误报——在总共3 387名女运动员中检测出8名具有*SRY*基因。但是，在对这8人的生理状况进行进一步调查之后，所有这8名运动员均被确认为女性，并可以参加比赛(有些个体具有*SRY*基因，但仍会发展成雌性，这可能是因为该基因本身存在缺陷或突变，也可能是发育过程中的其他影响导致)。到1990年代后期，美国许多相关的专业学会指出这种方法效果不确定——*SRY*基因是决定男性性器官正常发育的重要前提，但并不能据此准确地判断生理性别。事实上，也存在极少数没有*SRY*基因却发育为雄性的例子。于是从2000年夏季奥运会开始，取消了染色体筛查，随后进行了其他形式的基于激素水平的检测。这是此发现曾经最有争议的一个用途。

*SRY*基因的发现是哺乳动物性别决定研究领域的一项重大突破。尽管通常它的存在与否就决定了睾丸是否发育，但还有一些其他因素(如激素和环境改变等)影响*SRY*的功能和表达。尤其是近年来表观遗传学方面的研究，发现一些非编码的mRNA以及甲基化、乙酰化等特异性修饰调控也可能影响性别决定基因的正常表达，引起雄性生殖器官和精子发生的异常。这些在后面第十七部分关于表观遗传学的部分会再谈到。

总的来说，性别决定在动物界内并不是个高度保守的现象。已知由性染色体决定性别的就有XY和ZW(雄性为同配性别，有两个Z，雌性为异配性别ZW，如鸟类)两种主要类型；此外还有由染色体组的倍数决定性别(如蜜蜂等膜翅目昆虫)，由性染色体的数目决定性别(如蝗虫)，以及多基因决定性别(如罗非鱼)等多种情况。性反转现象在自然界也很常见。我们最熟悉的XY型性别决定系统，形成的时间大约只是在1.6亿年前。而*SRY*基因的进化速度很快，人类*SRY*基因与小鼠等主要模式动物的性别决定基因几乎没有共通之处。因为缺乏蛋白质序列的保守性，所以很多常规的研究方法都不适用，要进一步了解*SRY*基因的调控机制就是更为复杂的课题。

十一、成瘾与否

成瘾可以说是一种生理心理学上的失调，表现为对物质或行为的无法控制和过度关注——即使已经知道可能对自己的身心健康和社交生活造成不良后果，却仍然继续摄取成瘾物质（酒、烟、药物）或从事特定行为（上网、赌博、暴食）等。在此需要注意药物成瘾与依赖性之间是有区别的：药物依赖性是一种疾病，依赖者停止使用该药物会导致令人不适的戒断症状，甚至造成更多地使用该物质；成瘾可以在没有依赖的情况下发生，而依赖也可以在没有成瘾的情况下发生，尽管两者经常一起发生。

1. 早年对成瘾的研究

纵观历史长河，人类对成瘾现象其实早有认识，其中最常见的应该是酒瘾。在已知最古老的英雄史诗——《吉尔伽美什史诗》中就已经描绘了古代美索不达米亚王国的人民对酒精饮品的喜好，史诗所述的历史时期据信在公元前2700—前2500年之间。人类一旦发现酒精这种物质具有改变精神和情绪的欣快属性，很快就会形成过量的嗜好。建立了横跨欧亚大陆的马其顿王国的亚历山大大帝，只活到32岁，据说死因就与醉酒有关。一度称霸地中海的古迦太基，则在律法中规定：行军中的士兵只能饮水，不得品尝葡萄酒。古希腊的哲学家柏拉图也在著作中提到了葡萄酒的生理作用，并指出父母在生育孩子时要保持清醒而不能饮酒过量，而他的学生亚里士多德则首次讨论了酒精饮品潜在的成瘾问题。

亚里士多德认为，酗酒这种对物质的过度依赖，不应该归咎于物质本身，而是上瘾者意志力薄弱的问题。中世纪欧洲，酒精是从恶劣的生活方式中寻求慰藉的主要方式。对大部分基督徒而言，适度饮酒是上帝的礼物，但是过度放纵则是有罪的。因此，酗酒者通常被看作品格低下的人，某些情况下，他们甚至会被认为是魔鬼附身，从而遭到监禁和酷刑。到了大航海时代，当欧洲人向美洲殖民时，他们也带去了对酒精的热爱。

在18世纪末到19世纪初的北美，随着酒精对过度放纵者的影响越来越成为一个社会问题，人们开始对酒精成瘾进行科学研究以及系统性干预。《独立宣言》的签署人之一本杰明·拉什（1745—1813）认为，酗酒是一种应该治疗的疾病。拉什是个医生也兼任医学教授，专长是精神科。他倡导对酒精成瘾者提供专业的治疗，并致力于向公众宣传酒精的危害。虽然他热衷于使用一些现在看来近乎荒谬的疗法，诸如放血以及使用甘汞这样的毒性物质，但并不能否定他作为美国成瘾医学先驱的地位。

19世纪，鸦片类药物成瘾的现象也日益显著。鸦片是将罂粟未成熟的蒴果割伤后，渗出的乳汁凝固而成的膏状物，它作为药用的历史在古埃及、古希腊罗马和阿拉伯的医学文献中都有记载。在拉丁文中，罂粟这种植物的名字有诱导睡眠的意思，而苏美尔人则将它称为“令人快乐的植物”，可见它的功效早就广为人知。中世纪，名医（兼炼金术士）帕拉塞尔苏斯（1493—1541）发明的一种含有25%鸦片的混合物——鸦片酊在欧洲走红。到了17世纪，鸦片酊的配方得到改进后成了畅销全球的商品，医学教材中推荐用它治疗失眠和牙痛。鸦片甚至被当作“万灵药”，构成了许多非处方药的关键成分。

大约在唐朝的时候，含有鸦片的药物通过贸易传入中国，它的原植物罂粟也作为一种观赏花卉被引种。从宋代开始，这种植物的药用价值得到了广泛认识，并被进一步开发。人们不光拿它来治病，还搞起了食疗，甚至一些名人都曾为它代言。例如苏轼的诗《归宜兴留题竹西寺》中就提到了罂粟汤——“道人劝饮鸡苏水，童子能煎罂粟汤。暂借藤床与瓦枕，莫教辜负竹风凉”；苏辙的《种药苗二首》之一，则是从罂粟的种植、收储一直讲到加工、食用。当然，此时人们利用的大都还是没有经过深加工的罂粟所含有的鸦片物质。元明时期，精制成膏状的鸦片被从西方带到中国，逐渐在市场上流通，并借由烟草[①]的流行，形成了吸食鸦片的风俗。至清雍正年间，各地已是烟寮林立，之后鸦片给中国带来的灾难就毋庸赘言了。

在欧美，一个重大分野是1806年德国化学家弗里德里希·塞特纳（1783—1841）从鸦片中分离出了吗啡。作为止疼剂，吗啡比鸦片更为强效。塞特纳因此假设，由于需要使用的剂量较低，吗啡的成瘾性应该比较小。他后来成立了公司销售这种强效止痛药，也推荐将它用于治疗鸦片和酒精成瘾。随着吗啡的使用推广，医生们开始注意到它带来的欣快感减轻了抑郁和悲伤，这让它越发受欢迎。但其实，吗啡比酒精或鸦片更容易上瘾。在美国南北战争期间，它被免费分配给受伤的士兵，对吗啡上瘾的人数于是急剧增加。1859年，德国化学家阿尔伯特·尼曼（1834—1861）从古柯[②]叶中分离出了可卡因。这种生物碱迅速以神药而闻名，一度被用于治疗多种疾病，包括吗啡成瘾和酗酒。虽然在20世纪初，美国颁布法案，禁止含有罂粟或古柯叶成分的产品在药店合法出售，但各种“治愈剂”在黑市的交易却一路增长，药物成瘾逐渐蔓延至地下，带来的各种社会问题从此在欧美成为顽疾。

为了应对上述状况，越来越多的人开始参与对成瘾的研究，其中精神科医生是一支主力军。与拉什一样，现代科学精

---

① 烟草于嘉靖末年至万历初年，经由菲律宾传入中国南方，此后迅速在全国推广种植。

② 古柯科古柯属下 4 种植物的通称，原产于南美洲。

神病学的创始人们拒绝了关于成瘾的道德解释，他们将成瘾列入了《精神疾病诊断和统计手册》（前两个版本），不过，与其他因人格障碍而导致不被社会接纳的疾病一起列出来，使成瘾受到了一定程度的污名化。在19世纪和20世纪初至中期，对成瘾的治疗濒于野蛮。因此，在20世纪30年代，形成了酗酒者的互助组织——匿名戒酒会，随之又出现了匿名戒毒会，旨在帮助成瘾者回归正常生活。20世纪中叶开始，使用医疗途径来干预阿片类毒品的成瘾者越发受到重视，成瘾治疗医学逐渐成为显学。

2. 与成瘾有关的基因

到1960年代，有关成瘾的理论已经出现了200多种。其中，最被广为接受的理论认为成瘾是一种需要治疗的慢性和复发性脑部疾病，就像糖尿病、心脏病等其他慢性疾病一样，它可以被诊断、观察、理解和治疗。随之，与对其他疾病的关切一样，学者们也开始研究成瘾这种症状是否与遗传有关？也就是说，是不是有些人天生就更容易上瘾？

1999年，美国科学家完成了一个著名的双胞胎酒精上瘾的研究。他们收集了1940—1974年期间美国3 516对男性双胞胎的资料，分析双胞胎中一个对酒精上瘾时，另外一个是否也对酒精上瘾。研究发现，在同卵双胞胎中，当其中一个对酒精上瘾时，另外一个有非常大的概率也对酒精上瘾（无论两人所处的环境、所受教育、工作是否相同)。但是在异卵双胞胎中，这一联系并不明显。由此通过统计分析得出，酒精成瘾这件事，有50% ~ 60%与遗传因素有关。

那么，能不能确定是哪些基因在其中起作用呢？科学家其实很早就提出了这个问题，在20世纪末的分子遗传学研究中，有若干个明星分子受到关注。其中，*FosB*基因的选择性剪接产物——*ΔFosB*在之后20年左右的研究中，越来越被证明在成瘾过程中起着关键作用。

选择性剪接在第一部分提过一下，不过没仔细讲，其实它在高等动物(如人类)细胞中是非常普遍的现象。首先，我们知道在真核细胞的基因序列中，包含内含子与外显子两类片段，两者交互穿插。其中内含子片段在基因转录成mRNA前体之后会被移除，剩下的外显子片段拼接成成熟mRNA，之后再进一步转译成蛋白质。而选择性剪接说的就是，同一基因中的外显子可以以不同的方式组合，使一个基因在不同时间、不同环境中能够制造出不同的蛋白质。这也是基因表达调控的一种机制，可以增加生物体的复杂性或适应性。

*FosB*基因位于人的第19号染色体，是*Fos*基因家族中的一个。这个基因家族中的头一个*c-Fos*发现于1980年代，是逆转录病毒癌基因*v-fos*的同源物，由此得名。它们编码一种亮氨酸拉链蛋白，进而与另外一个基因家族——*JUN*基因家族编码的蛋白形成二聚体，作为转录因子，在细胞增殖、分化

和转化等许多过程中起调节作用。*ΔFosB* 作为 *FosB* 的剪接变异体，在大脑奖励系统中的异常或过高表达与许多其他基因产物的变化相关，会触发整个奖励系统与成瘾相关的神经可塑性发展，产生一种行为表型，因此被认为是成瘾的标志物。

所谓大脑奖励系统，指的是大脑中负责感受愉悦，引起欲望，促进学习和记忆的一系列神经结构。许多脑区都能发现对奖励有反应的神经元，它们组成了一个复杂、庞大的神经回路，构成了趋利行为所依赖的神经基础。而多巴胺则是其中重要的介质分子。在自然状态下，这个回路可以被食物、性爱、社交行为等激活，引起对上述刺激物的欲望和追求，这也是人类能够保持生存和繁衍的重要机制。但是，持续地过分消耗自然奖赏（性、高糖分食品、高脂肪食品、有氧运动等）或长期滥用药物都会导致 ΔFosB 蛋白在大脑奖励系统中的累积，从而触发一系列转录事件，最终产生上瘾状态。由于 ΔFosB 亚型蛋白的半衰期特别长，这种状态在停止使用药物后可维持数月之久。

根据脑科学与神经科学的研究，不论药物成瘾还是行为成瘾，都有基本相同的大脑变化。这些成瘾形式的一种常见机制被认为是激活大脑的奖赏回路，而 ΔFosB 蛋白就是其中关键的一个分子开关，无论吸毒、赌博、食品还是网络成瘾都与之相关。当然，这并不是说它只有（成瘾的发展和维持）这一个功能，在体内，*FosB* 基因、*ΔFosB* 基因以及进一步剪接而成的

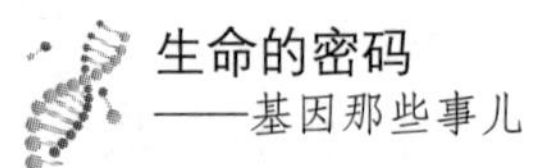

“*Δ2ΔFosB*”基因还参与了骨骼硬化的过程。另一方面，造成上瘾的也不只是ΔFosB蛋白这一个分子，很多基因都会增加上瘾的可能性。根据2008年北京大学的一项研究，这个名单包括大约400个基因（该研究认为在各种使人容易毒品上瘾的因素中，遗传基因占60%，剩下40%跟环境因素有关）。其中，编码5-羟色胺转运体的*SLC6A4*基因也被证明与网络成瘾具有明显的相关性。

5-羟色胺最早是从血清中发现的一种小分子，因此又名血清素。它广泛存在于哺乳动物的各种组织中，特别在大脑皮层及神经突触内含量很高，是一种重要的神经递质。可以想象它在体内的转运会关联到很多神经活动。*SLC6A4*基因位于人类的第17号染色体，它编码的蛋白负责将5-羟色胺从突触间隙转移回突触前神经元。1990年代中期，欧洲的科学家发现在*SLC6A4*基因的启动子区域存在多态性，通常有两种常见的等位基因，即短等位基因（*s*）和长等位基因（*l*）。这种多态性的等位基因频率似乎在不同人群之间差异很大，欧洲的长等位基因频率较高，亚洲的频率较低。已知长等位基因对应的是较高的血清素转运体表达水平，而在一项对网瘾群体的研究中发现，具有一对短等位基因（*s/s*纯合体）的个体所占比例明显高于健康对照组，提示了它与网络成瘾的相关性。同时，原发性失眠、抑郁症等精神健康问题也都与*SLC6A4*基因的多态性相关——绝大多数失眠患者中的*s*-等位基因所占比例更高，长等位基因患者对抗抑郁药的反应更好。

此外，还有一些基因也已经被确认与成瘾相关，如编码多巴胺受体D2的*DRD2*基因，编码儿茶酚-O-甲基转移酶[①]的*COMT*基因等。但是，一方面它们的作用不仅在成瘾过程，另一方面，成瘾倾向是一组有关联的基因共同作用的结果，而不是一两个基因导致的结果。与前面提到的那些单基因决定的性状（如镰刀形贫血症等）不同，当我们谈论“成瘾基因”时，并不是说携带这些基因必然会导致上瘾，而是它们增加了上瘾的可能性。并且，目前的研究主要还是相关性分析，不能提供明确的因果关系。

成瘾可以说是与人类文明共生的一种现象，它的历史可以追溯到几千年前，如今已发展成为影响人类心身健康的全球性问题。对它的认识，经历了在两种主要思想流派之间的来回振荡——成瘾是道德标准降低带来的错误选择，还是可以通过科学方法治疗的疾病？虽然目前的学术主流认为成瘾（尤其是毒品成瘾）是一种慢性复发性脑疾病，与道德没有直接关系，对待成瘾者的态度应该像对待病人一样，但也有一些人坚持认为成瘾不是疾病，把它当作疾病对帮助戒除并没有好处，反而会助长这种现象。

---

① 这是分解儿茶酚胺的一种酶。儿茶酚胺是一种神经递质，通常包括多巴胺、肾上腺素和去甲肾上腺素3种，其中多巴胺是在大脑中含量最丰富的一种。

虽然如何看待成瘾依然存在争议，基于不同的理念可以尝试不同方案来应对成瘾的问题，但不可否认，有很多个参与奖赏回路的基因确实能够改变上瘾这一行为的概率。携带这些基因的“易感人群”在接触到成瘾物质后，相比于其他人会更加容易产生依赖，也会比其他人更难以戒除。现代医学的一个重要目标之一，就是帮助这些“易感人群”更好地应对成瘾的习惯。

中　篇

十二、*MADS*-box

MADS-box 并不是一个基因，而是一系列同源异形基因，它们共同控制植物花的发育。对非专业人士来说，这个名字可能完全陌生，不过，它们对植物可是非常重要，并且对理解生物发育和进化的问题贡献良多。

1. 同源异形基因的概念

这里首先要解释一下同源异形基因的概念。同源异形基因的得名，是由于它们都具有一段称为同源框（homeobox，也叫“同源盒”或“同位序列”）的保守序列，这样的 DNA 序列在包括动物、植物和真菌的许多生物类群中都有发现。拥有同一同源框的基因归为一个同源异形基因家族，它们在多细胞生物的发育（形态建成）中起着主要的调控作用。

这类基因的发现源自果蝇的发育遗传学研究。果蝇作为最早建立的一种模式生物，是研究基因功能的一个基本工具。1970年代后期，分子生物学的方法逐渐成熟之后，很多课题组开始以果蝇为模型探讨基因是如何控制胚胎发育的。在这一领域，瑞士巴塞尔大学的沃尔特·盖林（1939—2014）是个先驱。他的课题组在1983年率先分离出了控制附肢发育的 *Antp* 基因。附肢在无脊椎动物里是指自体节伸展出的任何相似或同源部位，包括触角、口器、鳃、运动肢、生殖器和尾肢等。*Antp* 这个基因的突变，会使果蝇在原本长腿的位置长出触须，或在原本长触须的位置长出腿（以及类似这样的变化）。后来它被鉴定为 *Hox* 基因家族的一员，这个基因家族在脊椎动物和无脊椎动物中决定前后体轴的发育，而 *Antp* 应该是最早被分离鉴定出来的同源异形基因。

差不多同时，在德国海德堡的欧洲分子生物学实验室（EMBL）则进行了一次大规模的果蝇诱变实验，从中筛选出了数百个形态发育变异的突变体，这些突变体为理解许多基本的发育过程提供了丰富的资源。后来分别任职于德国马克斯·普朗克发育生物学研究所和普林顿大学的克里斯蒂安·尼斯莱因－福尔哈德（1942—　）和埃里克·维绍斯（1947—　），当时都在 EMBL（他们也都在盖林的实验室工作过），他们以这些突变体为基础，分离鉴定出了很多影响果蝇发育的同源异形基因。而美国加州理工学院的爱德华·刘易斯（1918—2004）则发现果蝇幼虫中控制各体节发育的基因在染色体上的排列顺序与基因控制的身体区段存在共线性。也就是说，这些发育基因连成了一串，它们中的第一个基因控制头部区域，中间的基因控制腹部区域，而最后一个基因控制后部（“尾巴”）区域。后来发现这类基因在进化上极为保守，从低等到高等动物的基因组中都有存在，其表达具严格的时空特异性，可控制细胞的分化状态及表型，推测可能是通过对其他基因的调节而发挥作用。

同源异形基因的发现，在分子生物学的发展中可以说具有里程碑意义，它标志着人们开始弄明白生物的形态结构与基因之间的关系了。尼斯莱因－福尔哈德、维绍斯和刘易斯这3位科学家也因为他们在这一领域做出的突出贡献，获得了1995年的诺贝尔生理学或医学奖。

2. 植物花的发育与 *MADS*-box 基因

上面这些发现是在动物中取得的。那么，在植物（特别是有花植物）中，各种器官（如叶片、花萼、花瓣、雄蕊和雌蕊）的发育是怎样进行的呢？世界上已知的植物有近30万种，其中90%以上是开花植物，它们是否遵从相似的规律呢？

植物是人类衣食的主要来源，而花作为植物的生殖器官对于繁衍进化意义重大。千百年来人们对花的形态、分类、遗传、生理等已经进行了大量的观察研究，并积累了丰富的知识。但是，由于实验手段的局限，对花发育的理解在很长时间里徘徊不前。一直到20世纪中期，人们在讨论这个问题时援引的还常常是约翰·沃尔夫冈·冯·歌德（1749—1832）在18世纪建立的理论。

提起歌德，大家都知道他是一位著名的德国作家，创作了大量戏剧、诗歌和散文作品，不过很多人可能不知道他也是一位卓有成绩的自然科学家。他存世的科学著作涉及光学、比较解剖和植物学等，其中以植物学的研究最为突出。和很多出身上流社会的人一样，歌德所受的职业训练是在法律领域，不过他很早就表现出对文学的爱好。1775年，他因《少年维特的烦恼》一书获得的名声受邀任职于萨克森·魏玛·艾森纳赫公爵的宫廷，在这段时间里，他曾执掌魏玛公国的林业和矿业。出于职务需要歌德认为自己有必要了解植物学知识，为此他及时掌握了当时植物学的重要进展，而18世纪植物学的最重要成就是分类和命名，据说林奈的著作《植物的哲学》（1751）就是他的日常读物之一。他与同时代的很多植物学家都保持着密切联系，而魏玛大公的花园和图林根的森林则给他提供了优越的观察条件。

1786年，歌德离开魏玛前往意大利。在那儿，他一方面研究艺术、民俗，另一方面也对植物的问题做了更多的思考。此前他就有一种观念，认为各式各样的植物或许发自一个共有的形态——“本质形态”。他试图在意大利丰茂的植被中寻找一种具备这种形态的“原初植物”，不过很快就意识到，这样一种原初植物并不能在自然中找到实体，它只是一种有助于理解植物形态发育的“模型”。在1790年出版的《植物变形记》一书中，歌德系统阐述了这样的观点：植物（地上部分）的所有器官都是叶子的变形——一切皆为叶，不同形态是通过一个唯一的器官变异而产生的，同一种器官以多种方式呈现在人们面前，这就叫作植物的变形。

歌德的理论反映了18世纪在德国流行的自然哲学传统，他们热衷于在纷繁的自然现象中寻找统一性。当时还产生过其他一些关于植物形态发育的理论，不过，这些理论多数已经被淹没在历史长河中。歌德的理论在历经200年后仍显示出解释力、吸引力，并一再被提起，可能就是因为它在某种程度上契合了同源异形基因在形态发育中的作用方式：植物的各器官都是“同源”的，它们通过“变形”带来了丰富的多样性。“变形”和“同源”分别从动态和静态层面解释了发育的机制，后者是前者的基础，前者则是后者的表现形式。这种看似简单的机制又使得最大程度的多样性成为可能。

对应动物中的*HOX*基因，高等植物中调控花器官发育的同源异形基因称为*MADS*-box（*MADS*盒），box（盒）指的就是那一段保守序列。*MADS*的命名是用4个基因的第一个字母组合而成，它们编码的蛋白分别是：在酵母中发现的小菌素-M免疫蛋白（MCMI），在拟南芥中发现的AG蛋白（它的存在会停止分生组织的活动并促进雄蕊和心皮发育），在金鱼草中发现的DEF A蛋白和动物血清应激因子（SRF）。它们都是1980年代末被发现的转录调控蛋白（转录因子），1990年前后，德国马克斯·普朗克植物育种研究所的一组研究人员首先认识到它们在结构上具有同源性，并提出了用*MADS*–box来称呼这一类基因共有的同源序列。

对*MADS*–box基因最早的系统研究是从金鱼草和拟南芥的花形态突变体开始的。随着研究的深入，人们发现绝大多数植物的*MADS*–box基因都与花的形态发生密切相关。植物的花朵虽然千姿百态，但结构上其实有很多共同点：一朵典型的花均有4轮器官，从外到内第一轮为花萼，第二轮为花瓣，第三轮为雄蕊，第四轮为心皮（雌蕊）。而*MADS*–box基因的突变会使在正常情况下应发育某种器官的部位发育出了另一种器官。比如，野生蔷薇只有5枚花瓣和众多的雄蕊，然而，园艺蔷薇由于具有一个变异的同源异形基因，使一些本应发育成雄蕊的组织发育成了花瓣，于是就出现了重瓣的特征。之后，人们又发现，每一个能影响花部器官的*MADS*–box基因都可以同时影响两种花部器官。

1990年代初，一些科学家根据这些基因所影响的花器官，把它们分成了A、B、C3类，并提出了被子植物花发育的ABC模型。按照这个模型，*MADS*–box基因可以分为A、B、C三大类群，分别在高等植物花器官发育的不同位置起作用（图

12-1)。其中，A类基因控制外侧2轮花器（萼片和花瓣）的分化，B类涉及第二和第三轮花器（花瓣和雄蕊）的发育，C类基因负责内部2轮花器（雄蕊和心皮）的确定性。若*MADS*–box基因发生突变，花器官的位置和形态将会发生变化。

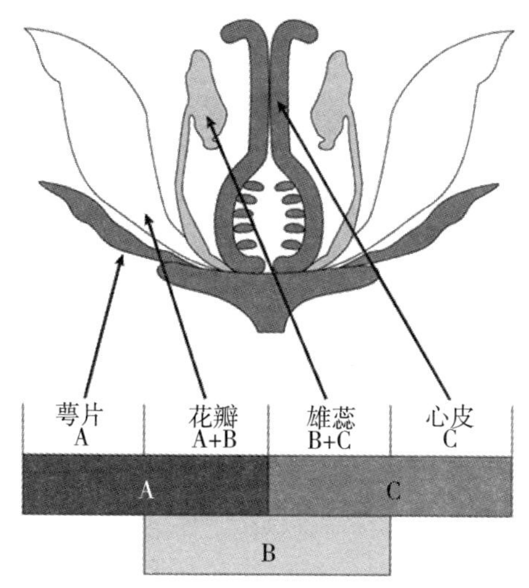

图12-1　*MADS*–box基因的三大类群控制的花器官

这些研究主要以拟南芥和金鱼草为材料，之后同类研究扩展到矮牵牛等其他双子叶植物以及单子叶植物。随着对更多模式植物中大量*MADS*–box基因及其表达产物的深入研究，到2010年前后，ABC模型被扩展成了目前广为接受的ABCDE模型。该模型认为与花部形态特征有关的基因可以分为A、B、C、D、E5类，它们单独或联合控制花器官的发育。除了上述A、B、C3类之外，D类控制胚珠的发育，而E类基因的功能较为复杂，它不仅影响花器官发育，而且决定着花分生组织的形成。

目前，在几乎所有研究过的真核生物中都检测到了*MADS*-box基因，不过动物和真菌中的*MADS*-box基因比植物中要少很多。在动物和真菌的基因组中通常只有1～5个这样的基因，而开花植物，如拟南芥的基因组中，*MADS*-box基因有100个以上。不同研究人员报告的*MADS*盒长度有所不同，但典型的长度在168～180个碱基对的范围内，也就是说，它们编码的MADS结构域的长度为56～60个氨基酸。有证据表明，MADS结构域是在所有现存真核生物的共同祖先中，从II型拓扑异构酶的序列延伸而来的。Ⅱ型拓扑异构酶可以同时切割DNA螺旋的两条链，以处理DNA缠结和超螺旋。在不同生物类群中，*MADS*-box基因表现出多种功能。在动物中，它们主要参与肌肉发育以及细胞增殖和分化，在真菌中的功能目前发现的有从信息素反应到氨基酸代谢。在植物中，*MADS*-box基因则参与控制发育的所有主要方面，除了研究较多的花形态发育之外，还包括雌雄配子体、胚胎、种子以及根和果实的发育。

如果把*MADS*-box基因做进一步的拆解，会发现它们的共同点除了都拥有保守的*MADS*盒序列之外，大多数还具有I、K、C3个特征区。MADS盒蛋白的56～60个氨基酸，可以与DNA双螺旋的小沟专一性结合，这也是它作为转录因子的标志。K盒(Keratin-like)蛋白由65～70个氨基酸组成，由于其结构类似于卷曲螺旋结构的角蛋白(keratin)而得名，是蛋白因子之间相互作用的区域，中度保守。I区(间隔顺序区，Intervening)位于MADS盒和K盒之间，是由约35个氨基酸组成的微弱保守区域，在一些拟南芥MADS盒蛋白中，I区是选择性形成二聚体分子的决定因素。C区为羧基端(C-terminal)，位于K盒下游，是由约30个氨基酸组成的疏水区，可与辅助因子结合启动基因转录，其序列变化较大，是非保守区域。

作为一个庞大的家族，*MADS*-box基因分散地分布在植物整个基因组中，在植物体不同部位、不同生长发育阶段均有表达，它的功能关乎植物生长周期中的每一个阶段，特别是生殖生长时期。作为转录因子，MADS-box蛋白之间可以通过相互作用形成不同的四聚体来行使其功能——激活或抑制相应的靶基因，从而调控不同花器官的分化和发育。在这些靶标基因中，也包括同属于*MADS*-box家族的基因，由此就形成了非常复杂的调控系统。

相对于微生物和动物，有关植物形态发育的分子生物学研究一度比较后进。当*MADS*-box这类同源异形基因被发现之后，迅速掀起了一波研究热潮，它也成了进化发育生物学领域的一个明星分子。所谓进化发育生物学，其历史可追溯到19世纪初冯·贝尔(前面第十部分提过他最早发现了哺乳动物的卵母细胞)创立的比较胚胎学，它旨在比较不同生物的发育过程以推断发育过程是如何进化的，是生物学领域最大的智力挑战之一。进入分子生物学时代后，进化生物学与胚胎学、遗传学和发育生物学交叉综合，形成了当代的进化发育生物学，它的核心问题就是从分子层面解释具有极大多样性的生物表型是如何起源和进化的。而*MADS*-box基因，由于广泛存在于真核生物的各个门类且结构非常保守，说明它经历了一个漫长的进化历程，因此，对它的研究不仅可以解释被子植物花器官的进化，对于理解更古老的物种形成也很有意义。

总而言之，多细胞生物从单个的受精细胞开始，分化发育成含有数以亿计的特化细胞的成熟躯体，要经过一系列复杂的调控过程。同源异形基因在这个过程中行使了主控功能，调控其他基因的表达。从*MADS*-box基因被认定为同源异形基因至今已有30多年。作为调节植物生殖生长和营养器官发育的关键基因家族，对其功能及作用机制的研究不仅有理论意义，而且还有可能应用于农作物分子育种的实践，例如培育重瓣的观赏花卉、改变花期、调整作物的分蘖数量等。目前，虽然已经在不同植物中克隆出了多种*MADS*-box基因，也建立了一个有关花发育的基因表达调控模型（ABC模型），但是对其中的具体环节以及它如何控制植物发育的其他方面还知之甚少。这方面研究在21世纪仍然会是一个热点。

十三、转座子

1. 麦克林托克的发现

在前面的叙述中，似乎给人一种印象，即基因是一些DNA片段，它们在染色体上的位置是固定的。确实，大部分基因都符合这样的描述，但也有例外，那就是跳跃基因（jumping gene），或称转座子（transposon）、转座因子（transposable element，TE）。转座子这一类DNA序列，能够在基因组中通过转录或逆转录，在内切酶的作用下出现到其他基因座位上，也就是说，它们是可以移动的。而发现这一重要现象的第一人，当属美国女遗传学家芭芭拉·麦克林托克（1902—1992）。

芭芭拉出生在康涅狄格州的首府哈特福德，父亲是个使用顺势疗法[①]的医师。作为4个孩子中的老三，她在3岁的时候

---

① 一种替代疗法，是由德国医生塞缪尔·哈内曼在18世纪创立的，其依据是“以同治同”的理论。按照这种理论，如果某种物质能在健康的人身上引起病人患某病时的症状，那么将此物质进行稀释等处理后，就能治疗该病症。例如，洋葱会引起打喷嚏，多次稀释振荡后的极微量洋葱汁，就能治疗以打喷嚏为主要症状的鼻炎。这种理论缺乏科学依据，但在欧美起起伏伏上百年，在法国、西班牙等国直到21世纪才被移出国家资助的科研项目。

被送到纽约布鲁克林的亲戚家寄养，以减轻家里的经济负担。3年后，她的父母也搬到了布鲁克林，芭芭拉就是在那里完成了中学教育。也许与这样的生活经历相关，芭芭拉很小的时候就表现出与众不同的独立性。她在高中时喜欢上了科学，想毕业后到康奈尔大学农学院继续学业。这个愿望险些被阻挠，因为她妈妈担心上了大学的女孩子没人娶。这在当时差不多是个社会共识，芭芭拉后来确实没有结婚，她的“独处能力”大概是那个时代成为一个女科学家的必要条件。

幸好，芭芭拉的学业追求得到了父亲的支持。她于1919年被康奈尔大学录取，专业是植物学，并于1923年获得了理学学士学位。在此期间，芭芭拉对遗传学产生了浓厚的兴趣。这个时候的遗传学，还是妥妥的新兴学科。探索基础理论的遗传学家很多聚集在摩尔根的“蝇室”，他们以果蝇为模型，研究染色体在数量和结构上的变异如何影响表型效应，以及基因间的连锁关系。不过，果蝇是动物，在遗传学将生物学统一起来之前，研究动物和研究植物的学者是相对独立的群体，很少联系交流。在植物学领域，对遗传理论的研究和应用则是由一些传统的育种学家开启的。康奈尔大学在农学方面传承深厚，教授植物育种学的克劳德·哈钦松（1885—1980）算是其中比较关注前沿的，他在系里开设了遗传学这一新课程，也成了芭芭拉最初的学术领路人。时任植物育种学系主任的罗林斯·爱默森（1873—1947）也是个遗传学先驱，他早年在内布拉斯加大学工作时，曾使用豆类育种技术进行过一项实验，得到了与孟德尔相同的结果（而他当时还没有听说过孟德尔）。在内布拉斯加期间，他对使用玉米进行研究产生了兴趣，他注意到印第安玉米中果皮杂色的性状，发现玉米是一种很好的遗传学实验材料。1914年，爱默森来到康奈尔大学，也把玉米这一实验体系带了过去。这对后来的学术进程具有相当深远的影响，玉米也成了一种重要的模式植物。

1932年，爱默森创办了《玉米通讯》杂志，在其引领和支持下，康奈尔大学汇集了一批热衷于玉米细胞遗传学研究的植物育种家和细胞学家，史称“玉米小组”，与摩尔根率领的“蝇室”遥相呼应。这个小组包括了很多知名的遗传学家，后来以“一个基因一个酶”假说获得诺贝尔奖的比德尔（见第一部分）也曾是其中之一（他的博士论文就是在爱默森指导下完成的）。

芭芭拉本科毕业后在植物育种系继续深造，分别于1925年和1927年获得了植物学硕士和博士学位，之后留校担任植物学讲师。从那个时候起，她就是玉米小组的活跃成员。在她的整个职业生涯中，玉米的细胞遗传学一直是研究重点，她也是这一领域的领导者之一。1930年代初，芭芭拉与她带的博士生哈里特·克莱顿（1909—2004）首次报告了玉米减数分裂期间染色体交叉与遗传性状重组之间的联系，这为证明染色体是遗传信息的载体提供了关键证据。差不多同时，“蝇室”出身的柯特·斯特恩（1902—1981）在果蝇中也观察到了染色体交换的细胞学证据。这段时间里，“蝇室”和“玉米小组”的关系亲密无间，堪称细胞遗传学的鼎盛时期。芭芭拉开发了对玉米染色体进行可视化和特征标记的方法。因为有了精细的标记，他们在玉米连锁图绘制与染色体畸变等方面的研究成果完全可以同“蝇室”相媲美。

虽然工作出色，芭芭拉博士毕业后却并没有立即获得一个稳定的工作。她在职业生涯的头几年，靠几期博士后基金资助，辗转了若干大学，也到欧洲短暂进修了一段时间。在此期间她接触了诸如X射线诱变等新技术，对后来的研究倒是很有帮助。1936年，密苏里大学植物学系的施泰德（1896—1954）给她提供了一个助理教授的职位。在那里工作的4～5年中，她的研究取得了不错的进展——玉米染色体的“断裂－融合－桥循环”[①]现象就是在这期间发现的，不过受到的待遇却差强人意——她被排除在教职工会议之外，也得不到晋升。并且，当罩着她的上司施泰德要离开大学时，她连助理教授的职位都有可能不保。这当然得归因于当时学术圈对女性的歧视态度。不过好在也有一些实权人物慧眼识珠，为芭芭拉这样凤毛麟角的女科学家提供了庇护。1941年12月，芭芭拉的师兄，新任华盛顿卡内基研究所遗传学系冷泉港实验室代理主任

① 这是一种染色体畸变的过程，往往最后会造成一个染色体的部分缺失和另一个染色体的部分重复。

米利斯拉夫·德梅雷克(1895—1966)为她提供了一个研究职位，她后来一直在那儿工作到退休。

在研究染色体断裂融合现象的过程中，芭芭拉体会到细胞在应对突发状况时总会有一套调节机制。比如，她发现染色体的断裂端有时能够愈合，而断裂是经常可能发生的，所以推测这种修复机制也应该是必需的。正是由于这种对偶然现象背后之必然因素的思考，促使她关注到一些前人忽视的东西，并做出自己的解读。

1944年夏天，芭芭拉用自花授粉的方式繁殖了一批9号染色体带有断裂端的玉米。通过遗传分析，她发现子代中染色体的断裂仍发生在相同的位置上。于是她大胆断言，该位点的断裂绝非偶然事件，而是具有可遗传性的，即该位点上一定存在一个控制因子，能导致染色体的解离(断裂)。她把这一控制因子命名为解离因子(Dissociation，*Ds*)。同时她还观察到，那批玉米的籽苗幼叶上会出现一种奇特的变异类型，即在幼叶上有一对同源区域(它们来自于一对姐妹细胞)，其中一半表现为色素减少，而另一半则相应地表现为色素增多。从这一逆向关系中，麦克林托克推断，一定是在有丝分裂期间，两个姐妹细胞中的一个得到了另一个细胞所失去的某个因子。她认为该因子控制着*Ds*的解离事件，因此称之为激活因子(Activator，*Ac*)，因为当*Ac*存在时，*Ds*会表现出对邻近基因的多种影响，上述叶片同源区域的色素变化(色斑)就是其一。她还发现控制玉米粒颜色的基因也在受影响之列，并且比叶片更容易观察，所以可以用玉米粒的颜色来指示染色体断裂的情况。

其实，此前人们早就发现玉米籽粒上经常会出现一些不同颜色的斑块，这些斑块的位置和大小都不稳定，仿佛在玉米穗上“跳跃”着。当时遗传学家普遍认为这是由基因突变之类的偶然因素导致的，但是芭芭拉将它与 *Ds* 因子联系了起来。当她进一步着手测定 *Ds* 和 *Ac* 的位置时，吃惊地发现它们都可以在染色体上改变位置，如同“跳跃”的籽粒颜色一样，*Ds* 和 *Ac* 这两个基因也是可以跳跃的。这就是“转座”概念初次显露端倪。

在1950年代初提交的报告和发表的文章中，芭芭拉提出一种全新的观点来解释这种现象，即遗传基因可以从染色体的一个位置转移到另一个位置，甚至从一条染色体跳到另一条染色体。芭芭拉把这种能移动的基因称为“转座因子”（转座子）。转座子的移动会引起基因突变，而这种突变又是可以逆转的。在玉米中，籽粒颜色斑块的出现就是由于转座子的活动。

现在我们知道，在上述调控玉米籽粒色斑形成的“解离-激活系统”（*Ds–Ac* 系统）中，*Ac* 编码一种转座酶，它能识别转座子两端的特异序列，把转座子从相邻序列中切割出来，再插入到新的靶位点。*Ac* 能自行转座，因此称为自主转座元件。而 *Ds* 则是 *Ac* 的缺失体，它不能编码转座酶，但保留有两侧的特征序列，能被转座酶识别，因此能在 *Ac* 编码的转座酶的作用下转座（称为非自主转座元件）。玉米中，籽粒的颜色由果皮、糊粉层和胚乳中的色素决定。通常，玉米粒显现紫色是由于花青素在果皮和糊粉层中的表达。如果花青素合成途径中的某个基因 *C* 被 *Ds* 插入，打断了表达，那么果皮和糊粉层变成无色，玉米籽粒就会显现胚乳的颜色（通常是黄色）；如果在 *Ac* 的促进下，*Ds* 从基因 *C* 中解离出去，籽粒就又有了颜色。那么，若是某些细胞中基因 *C* 正常，另一些细胞中 *C* 被 *Ds* 打断，玉米籽粒就会呈现出斑点。

不过，当芭芭拉揭示转座子的存在时，人们连 DNA 分子的双螺旋结构还没破译出来，她的发现实在是太超前了，因此，在很长一段时间里都没有受到承认和重视。直到1960年代中期，一些研究大肠杆菌的学者发现在这种微生物中存在可转移 DNA 片段，他们称之为插入序列（insertion sequence，*IS*），并认为细菌的抗性等性状变化可能与这些 DNA 片段的转移有关。之后人们又陆续从酵母、果蝇等很多生物中发现了这种插入序列，学术界才逐渐接受了芭芭拉提出的理论，并确定了“转座子”这个称谓。

1983年，81岁高龄的芭芭拉·麦克林托克因对玉米“跳跃基因”的研究而获得诺贝尔生理学或医学奖，她也是首位没有共同得奖者而单独获得该奖项的女科学家。发现转座子的重要性，在于证明了基因组并不是一个静态的集合，而是一个不断在改变自身构成的动态有机体。

2. 对转座子的进一步研究

自从芭芭拉发现了第一个跳跃基因之后，人们陆续在各种生物中发现了不同形式的转座元件，并吃惊地认识到它们在基因组中占据了非常可观的比例。研究显示，玉米基因组的大部分都是由转座元件组成，在人类和小鼠的基因组中，转座子的比例也占了差不多一半。

根据“跳跃”方式的不同，转座子被分为Ⅰ型和Ⅱ型。其中，Ⅰ型转座子的活动需要以RNA为中间体。通常它本身会编码逆转录酶，其转座过程分两个阶段，首先它们从DNA转录为RNA，然后新产生的RNA逆转录为DNA。这段相当于被复制出来的DNA随后被插入到基因组中一个新的位置。如果把这个过程比喻成我们日常对文档的操作，就类似于“复制－粘贴”。Ⅱ型转座子的转座机制不涉及RNA中间体，而是由转座酶催化。这种类型的转座子的两端都有特殊的序列供转座酶识别、切割，被切出的DNA片段继而被连接到目标位点。因此，相比起Ⅰ型转座子的“复制－粘贴”，Ⅱ型转座子的转座行为就是“剪切－粘贴”。

不过，在整个基因组中，Ⅱ类转座子占比很少（例如人类基因组中，Ⅱ类转座子只占不到2%），大部分都是Ⅰ类。这是因为逆转录转座子通过“复制－粘贴”机制发挥作用，会在原来的位置留下原始副本并生成插入基因组其他位置的第二个副本。这一过程导致在整个基因组中插入了大量重复的DNA序列，这也是导致转座元件在许多高等生物中大量传播的机制。事实上，逆转录转座子构成了许多真核生物基因组的主要组成部分。

在Ⅰ类和Ⅱ类转座子中，都存在“自主”和“非自主”两类。自主型可以自行移动，而非自主型需要另一个自主转座子的存在才能移动。这通常是因为前者缺乏转座酶（对于Ⅱ类）或逆转录酶（对于Ⅰ类），上述玉米中的*Ds*–*Ac*系统就是一例。前面讲孟德尔的豌豆时提到过的造成豆粒皱缩表型的*rr*基因型，也是因为编码淀粉分支酶Ⅰ的*SBE Ⅰ*基因内被插入了一段约0.8kb的序列。这段序列类似于玉米的*Ac*/*Ds*转座子，在其两个末端各有一个12bp的反向重复序列，插入的位置则在*SBE Ⅰ*基因内的两个8bp的正向重复序列之间。

转座子的活动既能给基因组带来新的遗传物质，在某些情况中又能像一个开关那样启动或关闭某些基因，并常使基因组发生缺失、重复或倒位等DNA重排，所以它与生物演化有密切的关系，并可能与个体发育、细胞分化有关。它们一方面能起到许多积极作用，另一方面也有可能导致疾病和恶性基因改变。在常见的疾病中，血友病、卟啉症、阿尔茨海默症等都被证明与转座子有关。此外，像HIV这样的逆转录病毒也可被视为一种转座子：逆转录病毒的RNA在宿主细胞内转化为

DNA 后，新产生的逆转录病毒 DNA 会被整合到宿主细胞的基因组中。这些整合的 DNA 被称为原病毒，它可以产生可能离开宿主细胞并感染其他细胞的 RNA 中间体。可以说原病毒就是一种特殊形式的逆转录转座子。

转座子的行为，与假基因（pseudogene）的出现也有密切关系。所谓假基因，可以理解为不具功能的 DNA 片段，但是它们与已知的功能基因有明显的相似性。一般认为，它们是由功能基因的多余拷贝发生突变失去功能产生的，而功能基因要产生多余的拷贝，除了直接通过 DNA 复制之外，就是间接通过 mRNA 的逆转录（这与逆转录转座子的行为是相同的）。由于并没有专门的机制将它们从基因组中去除，所以假基因可以在基因组中积累很多变化。分析它们的序列，能够提供有关基因家族或基因组的进化历史，因此有些科学家称之为“基因化石”。

随着转座事件在漫长进化过程中的累积，真核生物的基因组中经常包含许多假基因，它们的数量甚至与功能基因一样多。虽然它们通常是不活跃的，但所谓失去功能并非绝对。某些情况下，假基因序列可能以低水平转录为 RNA。尽管这些转录物中的大多数不会比来自基因组其他部分的偶然转录物具有更多的功能意义，但有些已经产生了有益的调节 RNA 和新蛋白质。

总而言之，转座子这种在植物中首先被发现的、能够移动的基因，其实构成了真核生物基因组的主要组成部分，它们是突变和遗传多态性的广泛来源，并可能带来进化优势。它们也使基因能够在物种间水平转移，为宿主带来一些新的特性（如抗毒素等）。2021年，中国农业科学院蔬菜花卉研究所的张友军团队报道了一个有趣的例子：烟粉虱（一种世界性的害虫，主要为害番茄、黄瓜、辣椒等蔬菜作物）通过窃取本属于植物的解毒基因，获得了对植物毒素的抗性，这是科学家首次发现动物通过基因水平转移窃取并使用植物的基因。在实验室环境中，还可以利用转座子来设计一些方便操作基因的研究工具，例如进行基因标记或诱导突变等。不过，转座子对基因组进化、功能和疾病的影响程度远未厘清。在基因组学和大规模功能分析兴起之后，它也成了一个新的研究热点。

十四、Bt 毒蛋白

大部分人听说“Bt 毒蛋白”，可能都是从跟孟山都公司有关的报道里。该公司的崛起让转基因技术成为一个热议的话题，特别是草甘膦除草剂和抗草甘膦基因的关系，可能很多人都耳熟能详。除了草甘膦系列之外，孟山都开发的产品中最著名的可能就是转入 Bt 毒蛋白基因的抗虫农作物了。其中，商业化比较成功的当属 Bt 抗虫棉，因为并非食品，其社会关注度略低，不过，其实很多国家都在积极研发和推广转 Bt 的粮食作物，大家也许有必要了解一下。

1. 作为生物农药的 Bt 毒蛋白

“Bt 毒蛋白”中的“Bt”是苏云金芽孢杆菌（Bacillus thuringiensis）的拉丁名缩写。苏云金芽孢杆菌是一种革兰氏阳性细菌，普遍存在于土壤中。它在形成芽孢的时候，会在芽孢旁生成一颗菱形、方形或不规则形的碱溶性蛋白质晶体，称为“伴胞晶体”。这种蛋白属于成孔毒素，因为它们会在昆虫的细胞中结晶，形成跨越细胞膜的穿孔，所以具有细胞毒性

（即杀死细胞的能力），也称为"δ－内毒素”或杀虫晶体蛋白（insecticidal crystal protein，简称ICP）。目前发现的ICP可以毒杀鳞翅目、双翅目、鞘翅目等种类的昆虫，是世界上应用最为广泛的生物杀虫剂。

有关苏云金芽孢杆菌的报告由日本养蚕工程师石渡繁胤（1868—1941）和德国科学家恩斯特・贝尔林纳（1880—1957）分别在1901年和1911年独立发表。19世纪末，日本的养蚕业受到一种家蚕软化病（猝倒病）的侵袭，蚕丝会技师石渡繁胤从病蚕中分离出一种芽孢杆菌，他用日语单词“猝倒”命名为B. sotto（sotto的日文含义就是“猝倒”）。而贝尔林纳则是从图林根州的患软化病的面粉蛾毛虫中分离出了病原菌，于是用图林根（Thuringia）这一地名做了这个新物种的种加词。由于石渡此前的报告是用日文发表在一个蚕业刊物上，并没有对该物种做系统描述，因此，后来虽然判断他们发现的是同一种芽孢杆菌，但学界还是接受了贝尔林纳的命名。

贝尔林纳和日本人都测试了菌株对昆虫的致病性，结果预示了这种菌的杀虫功效，不过他们都没有开展进一步的研究。直到1927年，德国动物学家奥托・马特斯（1897—1975）重新分离了一株Bt，并在玉米钻孔虫上看到了效用，才引起学界和产业界的重视。这项工作的结果是，1938年在法国首次商业化生产了基于Bt毒蛋白的杀虫剂，主要用于防治面粉蛾。其实，有记载表明，早在古埃及人们就已经会使用芽孢杆菌来杀虫了。不过，真正弄清楚芽孢杆菌的种类、毒蛋白的性质以及它们跟昆虫的关系，还得从1950年代的研究开始算起。彼时，加州大学的昆虫病理学家爱德华·施坦因豪斯（1914—1969）先后发表了两篇重要论文，一是在田间试验了苏云金芽孢杆菌的杀虫效果；二是讨论了它与近源种蜡样芽孢杆菌（Bacillus cereus）的关系。当时许多细菌学家认为苏云金杆菌是蜡状芽孢杆菌的一种变体，区别在于前者对昆虫的独特致病性，而施坦因豪斯则指出这样的区别就足以将它单列一种。

按照现在的分类系统，苏云金芽孢杆菌与蜡样芽孢杆菌都归为芽孢杆菌属（该属还有臭名昭著的炭疽杆菌），它们的共同特点是都能产生内生孢子（芽孢），而区别在于所含的质粒不同。所谓质粒，是细胞中可以独立于染色体进行复制的一小段 DNA 或 RNA，常见于细菌或原生动物，通常是一条小的环状 DNA 链。它并不是细菌生长繁殖所必需的，可能会在细菌传代过程中自然丢失或经人工处理（如高温、紫外线等）而消除。不过质粒携带的遗传信息有时能赋予宿主菌某些生物学性状，有利于细菌在特定的环境条件下生存。在实验室里，细菌质粒是进行转基因操作的一种常用工具。而在苏云金芽孢杆菌中，正是质粒上的基因编码了能够杀伤昆虫的毒蛋白①。现在人们所知道的苏云金芽孢杆菌有几十个公认的亚

① 少数亚种的毒蛋白基因在染色体上。

种，大多数菌株可以合成不止一种毒素，因此构成了复杂的抗虫谱。

苏云金杆菌在孢子形成过程中产生的晶体蛋白，是其昆虫毒性的来源。这一点，同样是在1950年代，由加拿大农业部的科学家克里斯托弗·汉内首先发现的。由于这种蛋白的杀虫活性是窄谱的（只针对某种昆虫），对人体、野生生物、传粉昆虫和其他多数益虫几乎无害，因此被认为是环境友好型杀虫剂，具有巨大的商业前景。很多国家在这一时期都致力于开发 Bt 的农业用途，我国也是从那时起就开始引进和自主分离 Bt 菌株、创新发酵工艺，并开展 Bt 蛋白制剂防治农林业害虫的试验和示范。1958年“大跃进”期间，还掀起了群众性的 Bt 制剂生产应用高潮。

不过，Bt 蛋白制剂作为生物农药也有明显的缺陷：它价格相对昂贵且不稳定，作为喷洒剂容易被雨水冲走，在紫外线的照射下也很快就会分解，与便宜的化学合成杀虫剂相比缺乏竞争力。此外，杀虫的特异性既是优点也是缺点，当经济害虫种类较多的时候，无法同时对它们进行防治就是一种局限。因此，直到1970年代初，各国对 Bt 的研究主要都集中在：寻找高效和针对不同害虫的新菌株，晶体蛋白的化学分析，观察它与昆虫的作用方式，田间试验，以及制定 Bt 制剂的剂型和用量标准等方面。而到了1970年代中期，分子生物学技术的发展则给 Bt 的应用带来了新的转机。

2. *Cry* 基因

1976年，苏联科学家扎查良（Robert A. Zakharyan）等报告了在Bt菌株中存在质粒，并暗示该质粒与内生孢子及伴胞晶体的形成有关。他的课题组后来还做了不少相关研究，不过这些工作都是用俄语发表的，所以很少被人熟知。1981年，华盛顿大学的科学家欧内斯特·施奈夫和海伦·怀特利（1921—1990）从Bt菌株中截取了一段质粒的DNA，将它转入大肠杆菌后，表达出了杀虫晶体蛋白（ICP）。这个时候DNA测序技术尚在襁褓之中，人们对编码这种蛋白的基因的具体信息（长度、序列等）还无法得知。不过，这并未阻碍各国学者纷纷从不同菌株中克隆出新的杀虫晶体蛋白基因，这些蛋白被统称为Cry（晶体蛋白，crystal protein的前三个字母），并在Cry后面加数字和字母编号来进行区分。由于不同Cry蛋白能够杀死的昆虫种类不同，效力也有区别，所以利用菌株接合转移可以对天然Bt菌株进行遗传改良，获得毒力增强的新型Bt工程菌。例如，通过某些*Cry1*基因和*Cry3*基因的整合，能创建一种既能杀死鳞翅目害虫又能杀死鞘翅目害虫的菌株。

所谓菌株接合转移，利用的是一种细菌中存在的自然现象，即细菌之间通过直接的细胞接触或细胞之间的桥状连接转移遗传物质（交换质粒）。它也可以被看作细菌的一种有性繁殖方式，最初是在1946年，由乔舒亚·莱德伯格[①](1925—2008)和爱德华·塔图姆发现。在适宜条件下，Bt菌株之间的接合转移可以很高的频率发生，即便后来有了新的基因工程技术，它仍然经常被使用。

更大的技术突破是在1980年代中期，科学家将*Cry*基因直接引入植物并表达了毒蛋白。首先是1985年，比利时的一家公司开发出含*Cry*基因的转基因烟草。接着在1986年，美国科学家将*Cry*基因导入棉花，培育出的植株在整个生长期都能直接在植物组织中持续产生杀虫蛋白。当昆虫摄入这些蛋白质时，其消化道的碱性环境会使不溶的晶体变性，变得可溶，因此容易被昆虫肠道中的蛋白酶所切割，内毒素一旦激活，便会与肠道上皮结合，并通过形成阳离子选择性通道而引起细胞裂解，并最终导致昆虫死亡。这样构建的转基因植物，可有效控制棉铃虫等农业害虫的危害。1995年，转入*Cry3A*基因的马铃薯获得了美国环保署的安全认证，成为第一种获批的能产生Bt毒蛋白的转基因农作物。接着，1996年，转基因玉米和棉花在美国成功上市，抗虫转基因作物开始实现大规模产业化。

此后，人们不断发现新的Cry蛋白。根据2010年的一份报道，已被克隆和测序的Cry毒素达到了300多种，它们的长

① 他与比德尔和塔图姆分享了1958年诺贝尔生理学或医学奖。

度从369个氨基酸（Cry34）到1 344个氨基酸（Cry43）不等。大多数Cry蛋白共有5个保守序列区，根据实验得出的结构和分子模型，大部分毒素的活性区域都由3个结构域组成，即：N末端螺旋束结构域，它参与膜的插入和孔的形成；β-折叠中央结构域，它参与受体结合；C端β-三明治结构域，它与N末端域相互作用形成通道。编码这些毒蛋白的基因构成了一个庞大的基因家族，并且其数量还在不断增长。通过研究这些同源分子的结构、功能和作用机制，可以更好地设计针对不同生物的工程菌和转基因策略。

我国从1980年代开始Bt转基因抗虫棉等农业转基因工程的研究，这方面的工作受到了相当力度的国家支持。1986年，Bt毒蛋白抗虫基因工程被列入国家“七五”攻关课题；1991年，棉花抗虫基因工程的育种研究被列入863计划。中科院、农科院等很多单位都参加了攻关。1991年，转入不同*Cry*基因的烟草、棉花和水稻先后获得成功，这使我国在植物基因工程领域的研究达到了国际同类的先进水平。1994年，又将人工改造的毒蛋白基因转入若干棉花主栽品种，获得了高抗棉铃虫的转基因棉花植株，且农艺性状基本没有改变。到20世纪末，Bt转基因抗虫棉的种植已在全国大面积推广。

由于种植Bt转基因作物可以大幅减少杀虫剂用量，不但降低成本，对保护环境也有益处，因此在很多国家都受到欢迎。据统计，2000年，Bt基因改造作物种植面积超过1 150万公顷，占世界转基因作物种植面积的19%；2013年，全球包括玉米、棉花、茄子、杨树等多种Bt抗虫转基因植物总种植面积已达到了7 000万公顷。在美国，转基因抗虫棉让杀虫剂的使用量降低了82%。而在中国，转基因棉的种植也让农药的使用量降低了60%～80%。

在开发转*Cry*基因作物的同时，使用Bt制剂作为杀虫剂也仍然是一个重要选择。最早发现苏云金杆菌昆虫毒性来源的加拿大农业部，一直把它用于防治森林害虫。如今，它不仅是控制云杉蚜虫的最有效工具，而且还是用于防治森林害虫的最成功的商业产品，广泛用于加拿大和世界各地的空中森林保护计划中。在我国，直到现在Bt依然是产量最大、应用最广的活体微生物农药，也是许多绿色和有机食品生产中离不开的生物杀虫剂。

不过，发展基于Bt毒蛋白的农药和转*Cry*基因的农作物也有一些负面因素需要考虑。首先，在毒性方面，由于哺乳动物消化道内没有Bt毒蛋白的受体，并且在食物加工过程中毒蛋白很容易变性失效，因此一般认为它对人类是安全的。但是，也有少量研究显示了例外的情况，比如某些菌株产生的毒蛋白可能会引发免疫反应，另外一些则能够长时间耐受高温不降解，因此，以往对Bt蛋白安全性的评估可能不够完善。其次，毒素的持续使用会使普通害虫演化为抗性虫。已知小菜蛾对苏菌毒素的喷雾形式已有抗性，烟草夜蛾和玉米螟蛾则对转

Bt 棉花产生了高水平的抗性。此外，在转基因作物中，*Cry* 基因的表达会受环境条件影响而发生变化。例如，若温度不理想，可能降低毒素产生，使植物易受侵蚀。另外，转 *Cry* 基因的作物还有可能与野草近源种杂交，产生 *Cry* 基因的逃逸，带来长远而未知的生态风险。

当然，我们不能因噎废食。毕竟，在世界范围内，害虫造成的损失约占农作物总收获量的13%。要减少这方面的损失，各种抗虫技术必不可少，开发新的 Bt 菌株将是一种长期的需求。我国是一个微生物资源十分丰富的国家，发展生物防治具有得天独厚的条件。而加强对 *Cry* 基因的深入研究，才能在未来 Bt 转基因作物的市场竞争中取得优势。

下　篇

十五、基因检测与基因治疗

前面在上篇中讲到了基因变异和遗传病，以及若干与人类自身的健康、寿命、行为等密切相关的基因。但是，有了这些知识，要给人们的生活带来实实在在的好处，还得使用一些技术手段来做出干预。其中，比较直接的干预就是通过基因检测和基因治疗。

1. 基因检测

所谓基因检测实际上是对被测者 DNA 分子的特定片段进行测定，包括查验染色体结构、DNA 序列、DNA 变异位点和基因表现程度，分析那些人们关心的基因属于哪个类型、是否存在缺陷、能不能发挥正常功能等。现在常见的检测项目一般是先从外周静脉血或其他组织细胞样本中提取 DNA，然后使用 PCR 或测序等方法进行分析。基因检测最初的应用场景主要是新生儿（胎儿）遗传性疾病的筛查和某些遗传病的诊断，也可以用于疾病风险的预测。当然现在随着测序技术日益成熟、价格日益低廉，有很多企业开发了消费型基因检测产品，号称可以报告祖先起源、疾病风险、遗传特质等方面的信息，但是这类检测的可靠程度还有待评估。

关于遗传性疾病的筛查，第五部分里提到了第一种被纳入新生儿常规筛查的遗传病——苯丙酮尿症（PKU）。针对它的检测办法在1960年代初就被开发出来了，不过，当时使用的是一种生化加微生物的手段，即细菌抑制分析法。它的原理简单说就是：在加了苯丙氨酸拮抗剂的琼脂上培养枯草芽孢杆菌，细菌的生长会受到抑制，这时，如果加入PKU患者的血液，其中高浓度的苯丙氨酸克服了抑制作用，就可以见到细菌生长。时至今日，采集新生儿足跟血做细菌生长抑制试验，仍然是筛查该病症最准确的方法。不过，1983年美国科学家克隆出了PKU的致病基因——苯丙氨酸羟化酶（PAH）基因，这就为（产前）基因诊断开辟了道路。

人的*PAH*基因位于第12号染色体，全长约90kb，有13个外显子和12个内含子，成熟mRNA约2.4kb，编码451个氨基酸。根据目前对PKU病人进行的基因分析，在中国人群中发现了30种以上的基因突变。近年来，对*PAH*基因的检测开始广泛应用于苯丙酮尿症的产前诊断。但由于该基因的上述多态性，分析结果务须谨慎。因为这些基因突变可能带来不同程度的表达异常，携带突变基因的杂合体，表型从轻度到重度都有可能。症状轻微的人甚至不需要饮食治疗，所以即使检出杂合子，也没有必要一概选择人工流产。

在第六部分的抑癌基因中，讲到了与乳腺癌相关的 *BRCA1* 和 *BRCA2* 基因用于遗传性疾病诊断和预测的一个经典案例。除了癌症之外，青光眼也是一种经常用基因检测协助诊断的疾病。青光眼的发病机理复杂，初期的表现经常为眼压升高，之后会使视神经受损，进而导致视力丧失。根据不同机构的估计，全球有6 000万~ 8 000万患者，而东亚裔族群患病的比例明显高于其他族群。由于它对视功能的损伤是不可逆的，后果也极为严重，目前尚缺乏有效的预防措施，因此，针对青光眼的早期发现与筛查尤为重要。1997年的一项研究发现，编码肌球蛋白（Myocilin）的 *MYOC* 基因突变与青光眼发病风险提高有很大相关性。*MYOC* 基因位于1号染色体长臂，编码的肌球蛋白质有504个氨基酸。目前的研究认为它在细胞骨架中起作用，并且通常会分泌到眼球的房水中，但是确切功能尚不清楚。临床上检测 *MYOC* 基因的变异来辅助青光眼的诊断，已经是比较常规的步骤。近年澳大利亚的学者又通过全基因组关联分析的方法鉴定出了107个青光眼的独立易感基因位点，并以此为依据开发了针对青光眼的遗传风险评分模型。但是相对来说，由单个基因决定的性状，通过基因检测可以给出比较准确的结果。

作为精准医学分析的一种方法，现在已经有上千种临床适用的基因检测项目。然而，是否要进行这样的检测，对当事人来说仍然存在若干需要考虑的问题，比如：有罹患此症的高风险者要到多大年龄才可认为心智足够成熟而可以选择接受测试，父母是否有权要求对小孩进行测试，以及测试结果应如何保密和披露等。所以，是否要进行基因检测，虽然是个人决定，但也需要与家人和医疗团队充分沟通。

基因检测除了提供诊断方面的参考，也有很多非诊断性的应用，包括亲子鉴定和法医测试等。目前，商业性的基因检测也日趋流行，但是其可靠性比较难判断。举例来说，花几百块钱，寄一份唾液样本给基因检测机构，就可以得到一份检测报告，其中一般包括祖源分析、疾病风险、遗传特征等几方面的信息。但是，同一个人的样本如果寄给不同机构，返回的报告经常并不一致。因为各机构选取的位点种类和数量不同，而解读更是一个人为的过程。在美国，基因检测开展得更早，已经出现了次级消费。当你从基因检测机构得到原始数据之后，还可以上传到提供基因解读的在线交易平台，让他们做出进一步分析。几年前，有家公司开发了一款名为“测测你有多 gay?”的应用，一个人只要上传自己的基因数据然后付5.5美元，就可以通过这个应用得到他 / 她在同性中的魅力评级。这个应用引起了一波争议，因为它依据的研究论文其实并不支持这样的预测——同性恋倾向虽然有遗传因素，但并未发现哪个基因起决定作用。后来的结果虽然是该应用从平台下架，但是，类似的产品非但不会完全消失，恐怕还会更多地涌现出来，因为目前对基因检测并没有什么市场监管。卖家给出的分析报告，说起来似乎有科学依据，但其实未必比占星术或塔罗牌好太多。虽然这种消费型基因检测产品的普及，可能会让普通人对遗传学和生物信息学更感兴趣，但是它能够回答的问题有限，并且还会带来相应的社会问题，需要引起警惕。

当然大多数基因检测的物理风险非常小——通常仅需要点滴血液或颊涂片样本（用棉签从口腔内采集上皮细胞），只有羊水（怀孕期间围绕胎儿的液体）检测侵入性较强。然而，与之相关的许多风险涉及检测结果带来的情感、社会或财务后果，不可忽视。人们可能会对自己的检测结果感到愤怒、沮丧、焦虑或内疚。这些潜在负面影响导致人们越来越认识到除了“知情权”，其实“不知情权”也很重要。此外，每一个人的基因组合都是独特的私人信息，从中可以反映出个人的先天体质和其他遗传特征。委托他人检测，事实上是把自己的遗传信息交给了陌生人。虽然有法律规范来约束信息泄露的行为，但愿意在多大程度上共享这些信息，依然是个人要考虑的问题。

2. 基因治疗

说到底，基因检测能够给人的身体带来的影响，还是比较间接的。更直接的干预——基因治疗，则是将外源正常基因导入靶细胞，以纠正或补偿缺陷和异常基因引起的疾病，从而达到治疗疾病的目的。如果通过基因检测，确诊了某种遗传性疾病，可以选择不同的方式对病程进行干预。常规的疗法是用生理生化方法补充或抑制由于基因缺陷所造成的某种代谢产物缺乏或过剩，治疗需要伴随终身。而基因治疗则是指将健康基因引入患者的一种形式，理念上追求一劳永逸。

自从1962年DNA“三联子密码”被成功破译，人们就对干预基因的前景做了很多预期。当时，《纽约时报》曾经刊登了一篇描绘人类遗传学爆炸性前景的文章，文中大胆推断，既然遗传密码已被“攻克”，那么对人类基因进行干预将指日可待。对于癌症和很多遗传病来说，生物“炸弹”或将成为它们的首选治疗方案。1968年，美国国立卫生研究院（NIH）的西奥多·弗里德曼（1935—　）与同事一起实验了将外源DNA导入患有莱希－尼亨症候群的病人的培养细胞。这是一种罕见（38万分之一）的由遗传缺陷导致的代谢问题，病人因为缺乏次黄嘌呤－鸟嘌呤磷酸核糖基转移酶（HGPRT）引起体液中尿酸的积聚，进而导致痛风、肾病、肌肉控制不佳和智力障碍等症状。弗里德曼他们的实验在细胞水平取得了成功，但是并没有急于推向临床。

1972年，转到加利福尼亚大学圣地亚哥分校的弗里德曼和马萨诸塞州综合医院的理查德·罗布林在《科学》杂志上发表论文，正式提出了“人类基因疾病的基因疗法”。但是，他们并非推荐这样的疗法，而是呼吁暂缓在人类患者中进行基因治疗的任何进一步尝试。这是因为他们认识到对基因功能的研究还处于非常初步的水平，并且要把一个功能基因传递到受疾病影响的适当细胞、组织和器官并让它正常表达，本身也是一个困难的技术问题。他们提议制定一套完整的伦理学标准来指导基因治疗技术的发展和临床应用，以确保仅在证明基因治疗有益的情况下才在人类中使用，防止过早使用和滥用。某种程度上，可以说是他们的呼吁促成了1975年著名的阿西洛马会议，这是旨在评估重组 DNA 技术的潜在风险并制定相关生物技术的监管规则的重要国际会议（后面还会讲到），而罗布林也是该会议的组织者之一。阿西洛马会议也许让一些激进的研究人员放缓了脚步，但是在现实需求的刺激下，这方面的研究和实践并未停滞。

1980年，加利福尼亚大学洛杉矶分校（UCLA）的马丁·克莱恩（1934—　），将 rDNA 转移到两名严重的地中海贫血患者的骨髓细胞中，作为一种治疗遗传性血液病的尝试。克莱恩的研究涉及癌症、血液病尤其是白血病中的分子遗传学，在此之前他在小鼠中进行了同样的尝试，但是并没有看到显著效果，但他还是坚持在人类身上做了尝试。这两例实验性的治疗分别在意大利和以色列开展，虽然克莱恩声称并不是有意避开美国相关机构的监管（他的做法与美国国立卫生研究院的基因治疗指南相悖），但是由于未经他所在大学伦理审查委员会的批准，且引起了广泛的道德忧虑（尤其是很多教会组织要求进行调查），克莱恩还是被迫辞去了他当时担任的系主任职务，并失去了几项研究经费。

直到1989年，NIH才批准在人类身上使用基因转移作为治疗手段。1990年9月，他们在分子遗传学家威廉·安德森①（1936— ）的主持下，进行了首例合规的基因疗法临床研究。病人是一个患有严重免疫系统缺陷症的4岁女童阿珊蒂·德席尔瓦，她的腺苷脱氨酶（ADA）基因异常，而缺乏这种酶会导致T细胞死亡，机体就无法对抗病原体的威胁。当时对ADA缺乏症的标准治疗方法是频繁注射一种该酶的合成形式，但是使用久了会产生耐药性。阿珊蒂从2岁开始用这种药物治疗，到了4岁的时候，药物的效果就不理想了。而唯一的其他选择——骨髓移植，因为缺少匹配的供体，也没法实现。

安德森团队的方法是：首先提取一些阿珊蒂本人的血细胞，这些细胞在体外通过病毒载体插入新的、有效的*ADA*基因拷贝，然后再注入回阿珊蒂的体内。该疗法使阿珊蒂的免疫系统部分得到恢复，但它只是暂时刺激了缺失酶的产生，没有

---

① 安德森是基因疗法的先驱之一。他读研时曾师从弗朗西斯·克里克，在NIH的早期工作则是协助尼伦伯格完成遗传密码的解读。1980年代用逆转录病毒将基因移入哺乳动物细胞的方法兴起后，他就开始致力于将这项技术用于医学实践。但他也是个极具争议的人物，2006年，他因对未成年人进行性虐待而被定罪，并于2007年被判14年监禁。

产生具有功能基因的新细胞，阿珊蒂还是必须每两个月进行一次注射才能过正常的生活。当然，即便只是部分成功，也已经给更多的试验性治疗开辟了道路。

在此后的30年里，世界各国开展了数千项临床试验。其中大部分处于第一阶段①，也有一些基因疗法获批进入了市场。例如2003年，中国批准的世界上第一例基因治疗产品——今又生（Gendicine，重组腺病毒 -*P53* 抗癌注射液）等。但是，总的来说，监管机构对基因疗法还是保持着比较谨慎的态度。特别是1999年，患鸟氨酸氨甲酰基转移酶缺乏症（OTCD）② 的杰西 · 格辛格在接受了宾夕法尼亚大学一项临床试验后去世，调查发现整个试验存在很多违规行为。于是，美国食品药品监督管理局（FDA）开始对相关的伦理道德和程序规范进行重新评估，美国的基因疗法研究都因此放缓了。

从技术角度讲，要推广应用传统的基因疗法，即通过病毒或其他载体将外源的正常基因导入患者体内，主要障碍是由基因递送载体和外源基因产物引起的免疫反应。不过，随着基因编辑技术的成熟和发展，在基因治疗领域又出现了新的

---

① 测试潜在医疗产品的临床试验通常分为 4 个阶段。在第一阶段，通常选 20 ~ 100 名正常健康志愿者，确定药物是否安全。

②这是一种单基因遗传病，患者因 *OTC* 基因突变而不能正常代谢蛋白质。通常这种病会导致胎儿死亡，但也有少数病人能够存活，但是必须严格控制饮食和每天服用大量药物。

路径。2017年11月，一家总部位于美国的医药公司（Sangamo Therapeutics）宣布了首个在人体内使用基因编辑治疗亨特综合征[①]的成功案例。亨特综合征是由于缺乏一种溶酶体酶引起的，病人不能代谢糖胺聚糖（GAG），这类物质在组织中积聚后会损害心肺等器官，导致发育迟缓、脑损伤和过早死亡。Sangamo公司开发的这种新疗法使用一种称为锌指核酸酶（ZFN）的基因编辑工具，直接修复病人体内原有的缺陷基因[②]。第一例接受这种疗法的是44岁的男病人布莱恩·马德克斯，被证实其肝细胞中确实成功插入了正确的基因。虽然表达的量并不足以令他康复，不过还是展现了这一疗法的光明前景。随后基因编辑进入临床的步伐越来越快。在血液疾病、肿瘤、遗传性的先天盲、神经肌肉疾病等方面已经看到了基因治疗的积极临床试验结果。

遗传性疾病的治疗是一场持续不断的战斗，常规疗法的选项都是围绕着减轻疾病的症状，以期改善患者的生活质量。基因治疗则希图从根本上提供治愈的方案，但是和其他临床治疗手段相比，它面临着更大的伦理考验。传统医疗的伦理规范是

① 它会导致许多器官异常，包括骨骼、心脏和呼吸系统。在严重的情况下，这会导致青少年死亡。

② 以前的研究已经使用锌指核酸酶来改变从体内取出的细胞的基因组，然后将这些处理过的细胞重新注入供体，但Sangamo的最新试验是第一个直接在体内进行编辑的试验。

否适用于基因治疗也是学界至今未能完全解决的问题。特别是使用基因编辑的方法，它存在未知的风险，并且带来的结果有可能遗传到下一代。很多影视作品中都以此为情节基础，通过展开一些夸张的想象来引发人们对这种新技术的思考。

在体外通过基因技术修改细胞，然后把修改的细胞放回人体发挥作用，目前这类技术的一个成功范例是用嵌合抗原受体T细胞免疫疗法（CAR−T）来治疗肿瘤。它的基本流程是：首先把患者的T细胞从血液中分离出来，然后把设计好的抗原受体基因整合到T细胞的基因序列，经过扩增后注射回患者体内，从而激活机体免疫系统对这种抗原的反应。这是一种精准靶向疗法，近几年在临床肿瘤治疗上取得很好的效果。

事实上，目前在世界范围内，癌症是通过基因疗法治疗的最常见的疾病，它占所有正在进行的临床基因治疗试验的60%以上，其次是单基因遗传病和心血管疾病。根据2019年的统计，在美国已备案的基于活细胞或直接施用的基因治疗研究性新药总数已超800个。在中国，因为提倡精准医疗的理念，基因检测和基因治疗受到政策支持，相关领域的研发急起直追，整体热度领先全球。资本也给予这个领域更多关注，创新公司不断涌现。为了规范行业发展，2019年起陆续出台了一些政策法规。可以想象未来十分可期。

十六、转基因与基因编辑

1. 转基因

“转基因”这个词在中国颇有些污名化，最初大概是源于公众对食品安全的担心，后来竟渐渐上升到近乎意识形态层面，“反转”与“挺转”之争几近割裂社会。虽然已经有很多科学家、科学作家通过写文章、做报告试图厘清事实，不过效果有限，再加上这一部分内容也不为多。

首先，要说一下“转基因”这三个字。字面上理解，一个生物的 DNA 片段转移到另一个生物里就可以称为转基因。这种情况在自然界（特别是微生物、植物界）其实是经常发生的，有时候也称为水平基因转移（这个概念是相对于亲代传递给子代的垂直基因转移而提出的，它打破了亲缘关系的界限，使基因流动的可能变得更为复杂）。比如前几年大家经常提起的天然转基因作物红薯——2015年，比利时科学家首次发现红薯中的 T-DNA① 片段，证明红薯天然地被转入了农杆菌的基因。

① T-DNA（transfer DNA 的缩写）即转移 DNA，是一些细菌（如根癌农杆菌和发根农杆菌）中的肿瘤诱导（Ti）质粒中的一段 DNA，它能从细菌转移到宿主植物的核 DNA 基因组中。

不过，在大部分语境里，“转基因”指的是一种生物技术，也就是利用DNA重组、转化等方法将特定的外源目的基因转移到受体生物中，使之产生可预期的、定向的遗传改变。“基因工程”（遗传工程）跟它的意思差不多，都是通过操作遗传物质，改变某种生物的特性。不过后者的含义可能更宽泛一些，因为对基因的改变除了转入，也可以敲除、沉默、修饰或者编辑。其中基因编辑是一种非常新又非常强大、应用前景广阔的技术，后面会再另加介绍。在欧美语境里，对应的一个常用词是“GMO”（genetic modified organism，经遗传改造的生物），细究起来可能比“转基因”一词的字面意思来得准确些。

追溯起来，这种革命性的技术肇始于1972年，当时斯坦福大学的斯坦利·科恩（1935—　）和加州大学旧金山分校的赫伯特·博耶（1936—　）在夏威夷的一次科学会议上首次会面，在讨论了各自的研究之后一拍即合，决定合作。科恩一直在研究将新质粒导入细菌的方法，而博耶的实验室则发现了新的限制性内切酶，其中大肠杆菌限制性核酸内切酶Ⅰ（EcoRⅠ）正是后来实验室中最常用的一种。这两种技术相辅相成，博耶的限制酶可以分离特定基因，而科恩的技术则可以将它们转移到受体细菌中。1973年，在相遇仅4个月后，他们就实现了将人工构建的质粒转入大肠杆菌并表达质粒所编码的蛋白。这可以说是人类第一次直接修改另一物种的基因，基因工程领域由此诞生。1976年博耶成立了全球第一家生物技术公司 Genetech，为生物技术类的初创公司树立了一个样板。科恩也是这家公司的创始股东，他后来还因为在细胞生长因子方面的研究而获得1986年诺贝尔生理学或医学奖。

1974年，科恩团队又率先实现了在大肠杆菌中表达金黄色葡萄球菌的基因，这是第一个人工制造的转基因生物。同年，费城福克斯蔡斯癌症中心的比阿特丽斯·明茨（1921—2022）和鲁道夫·耶尼施（1942— ）将猿猴空泡病毒 SV40 的 DNA 注入了早期小鼠胚胎，发现来自病毒的 DNA 可以整合到发育中的小鼠的 DNA 中，由此创造了第一个转基因哺乳动物。当然，这样的小鼠并不能将转来的基因传递给后代，因此该实验的影响和适用性是有限的。不过，制造可遗传的转基因动物很快也获得了成功。1981年，英国和美国的若干个研究小组几乎同时发表了类似的成果（用的都是小鼠）。实现转基因的具体方法，最初大多通过将 DNA 直接显微注射到细胞中，后来开发出了其他方法，比如将目的基因整合到逆转录病毒中然后感染细胞；而对高等植物，农杆菌介导是一种常用方法，其基本原理跟在自然界发生的情况其实是一样的，都是将农杆菌的 Ti 质粒作为基因载体。

应用转基因技术，可以做的事很多。首先是研究上的应用，现在的分子生物学实验室里每天都在使用着这类技术，对成千上万个物种的不知多少基因片段进行着操作。例如，利用转基因技术将人类疾病基因或其他目的基因引入实验室小鼠的品系中，以研究与该特定基因有关的功能或病理等。其次，可以用来生产某些生物大分子，例如第一个用基因工程生产的商品——重组人胰岛素。这是礼来公司（Eli Lilly & Co）1982年推出的，他们将人类胰岛素的基因重组进细菌中，通过细菌的繁殖得到与人自身的胰岛素完全相同的蛋白质分子。此前，治疗糖尿病中使用的胰岛素只能是动物来源（通常是猪胰岛素），与之相比，生物合成的人胰岛素首先降低了免疫原性，其次产量也更有保证。不过，普通人关切的，可能更多是关于吃的应用。

其实，在上万年前，人类开始对动植物进行驯化时，就已经在对作为食物的物种进行遗传改造了。在古代，通过人工选择和杂交育种的方法积累了很多对人类有价值的动植物品系。现代遗传学概念也是在这些实践经验的基础上诞生的。但是，选择育种是利用现有品种的自然变异作为选择工作的原始材料，而杂交只能在密切相关的物种之间发生，这样能够得到的变异数量是有限的。虽然后来又发展出了诱变方法以产生更多的变异，但是这样得到的变异无法控制方向。而1970年代诞生的基因工程技术，可以直接将两个不同物种的DNA结合在一起，克服生殖隔离的障碍。用这一技术改变农作物中对应各种农艺性状的基因，改造食物便能够以更精准高效的方式进行。

第一个被用在食品生产中的转基因生物是乳酸菌，用来生产制造奶酪用的凝乳酶。奶酪在西方人的食谱中非常重要，其制作中凝乳过程所需的酶来源于未断奶小牛的胃。常规方法需要屠宰小牛后，从胃中提取。而利用转基因的乳酸菌则可以在体外大量产生，避免了小牛的无谓死亡，也降低了生产成本。1988年重组凝乳酶获得美国食品与药物管理局的批准，1990年代初，在多个国家被批准使用。现在，美国超过三分之二的奶酪在生产过程中使用了这种微生物来源的凝乳酶。

当然了，上述对转基因生物的利用是间接的，而第一个获准上市的、可以直接食用的转基因生物则是番茄。番茄成熟后的保质期短，运输过程中极易损坏。通常的应对办法是在它未成熟（绿色）时就摘下，然后在交付之前使用植物激素乙烯气体促使它成熟。这种方法的缺点是番茄无法完成其自然生长过程，因此最终风味会受到影响。于是，美国加州的一家公司开发了名为Flavr Savr的番茄品种，他们在番茄中添加了干扰多聚半乳糖醛酸酶产生的反义基因，该酶会降解细胞壁中的果胶并导致果实变软，从而使番茄更容易受到真菌感染而败坏，转入了反义基因的番茄则具有更长的保质期。Flavr Savr在1994年通过FDA批准上市，不过，随着人们对转基因食品爆发信任危机，（欧洲）市场开始抗拒，这种番茄在1997年也就停止生产了。

后来，真正被广泛种植的转基因作物，转入的基因旨在耐受除草剂草甘膦。草甘膦是一种有机磷化合物，1970年代孟山都公司（Monsanto）以商品名农达（Roundup）投放市场，被用作广谱除草剂。但是，它对植物的杀伤作用不是选择性的。1996年起，孟山都向市场引入一系列抗草甘膦（Roundup ready）的转基因作物，这样，使用除草剂去除杂草的同时就不会破坏栽培的农作物。2000年，草甘膦在美国的相关专利到期，农民迅速开始大量使用它来控制农业杂草，而孟山都的抗草甘膦转基因作物也相应受到欢迎。其中供食用的主要有大豆、玉米和油菜等。

很多环保组织将供应草甘膦和配套的转基因作物种子的孟山都公司视为洪水猛兽，理由之一是它们导致了农药的滥用。据统计，从1970年代末到2016年，全球草甘膦类除草剂的施用频率和使用量增加了上百倍。除草剂的残留或将危害人类健康以及影响环境，从这个意义上讲，确实存在值得担心的问题，但并不是说转入的基因导致植物本身不能吃。

其实，人们对转基因生物的疑虑从1970年代该技术诞生之时起，就从未停止。1975年2月，在美国加州阿西洛马海滩举行了一次有140名专业人员（主要是生物学家，也包括律师和医生）参加的会议，宗旨就是讨论重组DNA技术的潜在风险并制定相关生物技术的监管规则。会议期间制定了一系列准则，以确保该技术的安全性。由于不确定潜在的安全隐患，全世界的科学家一度都暂时停止了使用重组DNA技术的实验。在这些准则制定以后，科学家们才陆续重启他们的研究。

会议还从科学研究领域延伸到了公共领域，增加了公众对生物学基本知识以及生物医学研究的兴趣。这些准则的影响至今仍然被广泛讨论，并被视为科学社会学中的一个重要案例。

在转基因技术的研发和应用方面，中国是后起国家，但发展很快。事实上，1993年引入的抗病毒烟草，就使中国成了第一个将转基因农作物进行商业化种植的国家。但是，有关生物技术的伦理边界、安全风险、管理责任等问题，无论是在公众范围，还是学术圈内部，都缺少理性的讨论。因此，当更强大的技术诞生之后，一些富于争议的事件率先发生在中国也就不太意外。这里指的就是基因编辑技术。

2. 基因编辑

基因编辑是进入21世纪后，基于工程化核酸酶的使用开发出的一类新技术。它极大地提高了人类改造遗传物质的能力，甚至可以说正在重新定义分子生物学的研究范式。工程化核酸酶是将普通核酸酶裂解 DNA 的功能与序列特异性 DNA 结合结构域组合起来，诱导靶向 DNA 双链断裂（DSB）来刺激细胞的 DNA 修复机制，从而实现对目标基因组位点的特定改变。首先是2007—2008年开发出来的锌指核酸酶（ZFN），紧接着是2010年前后出现的转录激活因子样核酸酶（TALEN），它们构成了一类功能强大的工具，把基因工程的前沿推进了很多。然而这两种工具在简单、高效和灵活性上都输给了2012

年出现的CRISPR-Cas9系统。

CRISPR（Clustered Regularly Interspaced Short Palindromic Repeats）的意思是丛聚常间隔短回文重复序列，Cas（CRISPR-associated proteins）是与CRISPR关联的蛋白，包括一些核酸酶和解旋酶。其发现可以追溯到1987年，大阪大学的石野良纯等人发现大肠杆菌DNA中存在一些短重复片段，后来，相似的重复序列在其他真细菌和古细菌中都有发现。到21世纪初，西班牙分子生物学家弗朗西斯科·莫吉卡（1963— ）认识到这种重复片段与微生物的免疫机制有关，在2005年发表的一篇论文中他将之命名为CRISPR。后来的研究证明CRISPR/Cas是一种后天免疫系统——细菌（或古细菌）受到噬菌体（或质粒）侵染后，会切割下一段入侵者的DNA重组进自己的基因组中，形成CRISPR序列。这样就相当于留下了记忆，如果下次再受到同样的侵染，从细菌CRISPR序列转录出的RNA片段，就会引导相关的核酸酶识别外来物的DNA，在与CRISPR相同的位置启动切割，使之失活。

目前已发现的CRISPR/Cas系统有3种类型，存在于大约40%的细菌和90%的古菌中。其中第二型的组成较为简单，由Cas9蛋白和向导RNA（gRNA）为核心组成。2011年，任职于瑞典于默奥大学的法国科学家马纽埃尔·卡彭蒂耶（1968— ）在论文中最先提出了CRISPR系统作为基因编辑工具的潜力。2012年，她与加州大学伯克利分校的詹妮弗·杜德纳（1964—　）合作，用来自化脓链球菌的spCas9蛋白成功编辑了大肠杆菌基因，这是该领域的奠基性工作。而麻省理工学院的张峰则敏锐地意识到这一工具的前景，率先证明了CRISPR/Cas9系统在哺乳动物（包括人体）中也可以使用。相比之前的基因编辑方法，CRISPR/Cas 系统①高效、低价、精准并且可敲可编，迅速成为最流行、功能最强大的基因编辑工具。它不仅为深入研究生物学问题提供了分子工具，而且还促进了生物学创新和实际应用的发展。

因为基因编辑的过程不涉及引入外源 DNA，一般认为不属于转基因。所以，2016年4月，美国农业部就表示，使用CRISPR-CAS9技术改良的白蘑菇无须通过该机构对转基因生物的监管程序。以宾夕法尼亚州立大学伯克分校的植物病理学家杨亦农的工作为例，他对白蘑菇引入的突变靶位点是一类编码多酚氧化酶（PPO）的基因家族，它们催化的氧化反应会导致蘑菇褐变，通过删除蘑菇基因组中极少几个碱基，可以使这类酶的活性降低，于是可以延长保质期。在过去几年中，已经有30个以这种方式进行遗传改造的生物绕过了美国农业部监管，杨亦农教授的基因组编辑蘑菇只是其中之一。同时，很多疾病，如 HIV、癌症、（单基因）遗传病等也都有望通过基因编辑方法进行干预治疗。

---

① 除了 Cas9，也有其他的核酸酶可以选择。

不过，急速的技术进步也带来了新的社会问题。首先，技术与资本结合后将带来巨大财富，而财富永远是一个矛盾的源头。因为研究发表时间相近，在几个主要科学家之间一度产生了专利权之争。其次，技术（特别是生物技术）也时刻挑战着人类的伦理边界。对于信奉宗教的人来说，神的世界与人间大概存在一个硬边界，将转基因以及基因编辑等技术应用于人类自身，绝对是不可接受的。但对于无神论者，技术的伦理边界在哪里，是一个可以讨论的问题。

2018年11月，一则基因编辑婴儿诞生的消息引起轩然大波。南方科技大学的贺建奎称他的团队使用基因编辑技术，在一对双胞胎的胚胎细胞中改造了与艾滋病免疫有关的*CCR5*基因，以使婴儿出生后具备先天性的免疫艾滋病的能力。*CCR5*基因的表达产物是一种白细胞表面蛋白，与病毒进入并感染宿主细胞的过程有关。研究发现部分人群的基因组中含有*CCR5*基因的一个突变型，称为*CCR5-Δ32*，即有一段长为32碱基对的缺失，其表达产物无法被某些类型的HIV病毒识别和结合，因此可对这类HIV病毒引起的艾滋病产生免疫。

贺建奎声称，他所做的这一尝试，可以让携带HIV的父母产下对病毒具有天然免疫力的孩子。但是要知道，*CCR5-Δ32*基因只对部分艾滋病毒具有免疫作用，并且有可能增加罹患其他疾病的风险。该基因在人体内的功能还没有得到充分研究。人为用CRISPR/Cas9技术编辑敲除人的*CCR5*基因，与上述

人群自然发生的 *CCR5* 基因突变型（*CCR5-Δ32*）的功能效应结果是否相同也尚未可知。更重要的是，CRISPR/Cas9技术目前并不成熟，可能会引发称为“脱靶效应”的错误编辑，导致与目标序列不匹配的序列被错误切割。这在应用于实验动物时也许可以接受，但在人类自身的基因组中引入无法预知的改变，哪怕是为了治疗和预防疾病，也超出了当前的伦理界限。

该实验经新闻报道后，立刻引发广泛质疑。100多名中国科学家发表了联署声明表示强烈谴责，指出该实验在技术上没有任何创新，突破的是科学家的伦理道德底线，并用“疯狂”形容这一实验，要求补上监管漏洞。此后，政府部门开始介入。贺建奎被立案调查，南方科大也与他解除了合同。2019年12月，深圳市南山区人民法院一审以非法行医罪判处贺建奎有期徒刑3年，并处罚金人民币300万元，另有两人同案被判。至此，一个新闻事件引起的波澜慢慢平息，但基因编辑技术将给人类社会带来的改变才初现端倪。此后，国家机关迅速开始完善相关的立法工作。但是，为了防控一项新技术可能带来的社会风险，除了管理部门的制度设计和监管之外，科研工作者更需对技术可能存在的缺陷和社会影响有所觉悟，而这个过程也应该让公众参与和周知。

虽然CRISPR/Cas9技术得到应用才仅仅12年，但已经在实验室中广泛普及。其实，在贺建奎之前，2017年就有一个美国的生物黑客约西亚·蔡纳（1981—　）在自己身上进行了人类体内的首次基因组编辑。蔡纳曾经是个程序员，2013年在芝加哥大学获得生物物理学博士学位，以提供自制的CRISPR试剂盒而闻名。现在在美国，只需99美元就可以买到定制的CAS9酶，一些先锋艺术家甚至开始以此为工具进行创作。虽然感觉他们的行为不太靠谱，但可以预见，更加轻松、高效和准确地操纵基因组大概也就在不远的将来了。

2019年，孟山都被德国拜尔公司收购。大家可能很快就会淡忘这个转基因技术的获利者，因为更新的技术和更雄厚的资金，将会给人类的生活带来颠覆性的改变。当我们对人类基因组的研究更加充分、单个基因的功能更加明晰、基因编辑技术变得相对成熟安全之时，如果花钱就可以为后代买到强健、聪明、美貌的基因，政府应不应该允许售卖这类基因编辑的服务，而你要不要买呢？

十七、表观遗传

1. 较早的研究

相信大家在学生时代都接触过法国博物学家让－巴蒂斯特·拉马克（1744—1829）的进化理论，他提出了“用进废退”与“获得性遗传”的法则，来解释生物产生变异和适应环境的机制。拉马克活跃的年代是18世纪后期至19世纪初。到了19世纪中后期，达尔文提出的“物竞天择，适者生存”理论逐渐占据主流，尤其是20世纪遗传学发展起来之后，两者互相支持印证，形成了统一的综合进化理论。但是，有些人始终没有接受这个理论，比如俄罗斯－苏联的园艺学家伊凡·弗拉基米诺维奇·米丘林（1855—1935）就认为生物的遗传性状可以通过环境来改变，并以此指导他的育种实践。后来，一个打着米丘林旗号的苏联农学家特罗菲姆·李森科（1898—1976），使用政治迫害的手段打击学术上的反对者，极大地阻碍了遗传学在苏联的发展。而中国在那段时间深受苏联影响，遗传学中的摩尔根学派也受到极大的压制。这段历程成了学术史上的一个反面典型，“获得性遗传”也染上了负面的政治色彩。

但是，作为一个纯粹的学术问题，环境到底能否造成可遗传的变化呢？答案最初来自胚胎发育学的研究。1956年，英国发育生物学家康拉德·沃丁顿（1905—1975）在一篇发表在《进化》杂志上的论文中，揭示了一个群体响应环境刺激而获得某种特征的遗传事件。

沃丁顿出生在英格兰中部的伊夫舍姆，由于父母在印度工作，他从小跟奶奶家的亲戚们一起生活。不过，这并没有影响他受到良好教育。一位他称呼为“多格爷爷”的远亲是当地的药剂师，向他介绍了多姿多彩的自然科学世界，特别是地质学和化学。1926年，沃丁顿从剑桥大学获得了自然科学学位，之后一直到1942年他都在剑桥做研究并担任动物学讲师。

1930年代初期，很多胚胎学家都在以两栖动物为模型，试图找到可以诱导神经管发育的分子。不过当时的技术水平还不足以支持这样的研究，大多数胚胎学家也没有把遗传物质与胚胎发育联系起来。然而，沃丁顿却认为胚胎发育的秘密，答案在于遗传学。1935年，他前往位于加利福尼亚的摩尔根的“蝇室”进修。此时正是“蝇室”最富创造力的时期，沃丁顿在那儿通过对突变的系统分析来推测果蝇发育的机制，建立了关于遗传物质如何与周围环境相互作用以产生表型的概念模型。1930年代末，他撰写了一本名为《发育表观遗传学》（Developmental Epigenetics）的教科书。此时，“表观遗传学”（epigenetics）这个术语意指从生物体的基因到基因表型之间存在的一种控制机制。当时基因的物理性质及其在遗传中的作用尚不清楚。

二战期间，沃丁顿参加了空军，还担任过海岸司令部的科学顾问。战后，他就任爱丁堡大学动物遗传学教授，并在爱丁堡度过了余生，1956年那篇著名论文就是在那儿完成的。那篇论文针对的是果蝇一种称为“双胸”的表型，大家也许不太熟悉，我们换一个直观点儿的例子。在沃丁顿的实验中，还培育出了翅脉缺少横隔的果蝇——果蝇的翅膀中间有一条很细的横向翅脉，如果在蛹化期间短暂施以高温，这条翅脉就会消失；如果挑选这些没有横隔脉的果蝇，连续几代施以高温刺激并选择没有横隔脉的进行繁殖，那么接下来产生的果蝇群体就有很高比例会自然生成缺乏横隔脉的形态（无须高温）。

沃丁顿的研究显示，只需改变环境温度或化学刺激，就可以让果蝇胚胎发育出不同的结构（双胸和无横脉），这种响应环境变化而产生的获得性特征可以被遗传，同时，他还证明了这并不是由于发生了新的突变，形态变异靠的是发育途径的切换。他使用了“渠道化”一词来强调这个观念。想象一下一枚动物的受精卵如何能发育出眼睛、鼻子、嘴、心、肝、脾、肺、肾，或者一枚植物的受精卵如何能发育出花瓣、叶片、茎节和根毛，要知道所有这些形态功能不同的组织器官中，细胞的基因组都是相同的。沃丁顿自称受到怀特海的哲学以及维纳的控制论影响，他所说的“表观遗传”是一个代表胚胎发育的概念，用于说明细胞分化可能采取的各种发育途径。那么，在他的实验中，基因水平到底发生了什么呢？

到1950年代，基因与DNA的关系被解析之后，人们陆续掌握了一些关于基因表达调控的机制，知道基因可以被某些条件激活或关闭。1950年代末到1960年代初，一些科学家在小鼠中发现了X染色体失活的现象。就是说，雌性哺乳动物细胞中的两条X染色体，在发育过程中有一条会被包装成异染色质（染色质的紧密排列形式），进而基因功能受抑制而失去活性——沉默化。哪条X染色体会变沉默是随机选择的，然后在体细胞中克隆遗传。

举个大家熟悉的例子来说，三色猫的毛色就与X染色体失活有关。一般猫的腹部都是白色的①，母猫身上有可能出现黄黑相间的花斑（这就是三色猫），而公猫只有或黄或黑一种颜色。这是因为决定黑色和黄色的一对等位基因位于X染色体上，如果一只猫在这个基因座位是杂合体，也就是一条X染色体上有黄色基因，另一条上有黑色基因，那么随着X染色体随机失活，毛色就可能形成各式各样的斑块。没有证据表明在这个过程中DNA序列本身发生了变化。这就提供了表观遗传机制的一个早期模型。

---

① 白色是白化基因起的作用，让猫本来的颜色不能显示出来。这种白化基因并不存在于性染色体上，因而不受X染色体失活的影响。

到1970年代中期，有人提出DNA甲基化可以作为表观遗传标记，部分解释这种失活。甲基就是甲烷分子中去掉一个氢原子后形成的功能基团（$-CH_3$），是各种有机化合物中最常见的基团，它能够结合在DNA的某些特定部位（通常是在胞嘧啶环的5′碳上），这个甲基和DNA结合过程就叫DNA甲基化。被甲基化的区域，化学键有所改变，于是会影响DNA与转录因子的结合，从而阻碍该区域基因的表达。所以甲基就像一个帽子：带上它，基因关闭；摘掉它，基因表达。根据最近的研究，在人类细胞内，大约有1%的DNA碱基受到了甲基化。由于甲基化的状态不同，即使所携带遗传信息完全一样的两个个体，在表达上产生差异，也可能会表现出完全不同的性状。

当相关研究积累起来之后，“表观遗传学”这个词的含义也变得更为丰富。“epi-”这个前缀表示“在……上面”，“表观遗传学”（epigenetics）字面的意思就是“高于遗传学”，正好可以用来描述除了标准遗传学之外的遗传机制的存在。到1980年代，表观遗传学成了一个逐渐兴起的新学科，主要研究经典的孟德尔遗传法则不能解释的许多生命现象。其中，一个重要的研究方向就是真核生物中的细胞分化问题。在胚胎形态建成过程中，一个受精卵细胞分化出各种不同类型的细胞，包括神经细胞、肌肉细胞、上皮细胞、血管内皮细胞等，并通过抑制其他细胞和激活相关基因而进行持续的细胞分裂。这一过程需要大量有生物催化功能的酶参与，而温度的高低、激素的含量等都会影响酶的活性。

举例来说，很多爬行动物的性别就是由环境温度决定的，而非遗传物质。这个现象最早是1960年代在非洲鬣蜥中发现的，进一步的观察确认：在29℃时孵化出来的彩虹蜥蜴全是雄性，在26～27℃时出壳的全是雌性。总结出孵化温度与性别的关系有3种模式：FM模式（高温产雌性后代，低温产雄性后代）、MF模式（高温产雄性后代，低温产雌性后代）和FMF模式（高低温均产雌性后代，中温产雄性后代）。具体到分子水平来解释，就是酶的活性在不同温度下有区别，这样就会影响DNA中各基因的开启和关闭，从而转录翻译出不同的蛋白质，最终决定性腺是朝着卵巢方向还是睾丸方向发展。

再举一个常用实验动物小鼠的例子。在2001年的一项研究中，发现遗传背景完全相同的小鼠，其皮毛颜色从黄色到各种杂合色都有。而导致这种不同的，是由于它们从母鼠中继承的“*agouti* 基因”的甲基化程度差异。

2. 近年的研究

上述这些都是沃丁顿时代就提出的传统问题，只不过现在能够明确到具体的相关基因。最近20年中，表观遗传学研究开始更为关注“先天与后天”（或称“天生与养成”）的问题。通常人们总是热衷于推定哪些特征是遗传的，哪些是后天培养的，而表观遗传学考察的正是处于两者之间的复杂问题。在以往的实验中，人们已经注意到，对基因型相同的小鼠，哪怕将它们的生活环境、饮食等控制在相同水平，它们仍然会表现出不同的生理和行为特征。对人类自身，我们不能做这样的实验，但是通过观察双胞胎还是可以获得很多例证。

比如，英国有一对同卵双胞胎姐妹奥利维亚和伊莎贝拉，2005年，她们1岁的时候，奥利维亚患上了急性白血病，而对伊莎贝拉的检查却发现她一切正常。这个结果让人松了一口气，同时也让医生非常困惑：既然是同卵双胞胎，为何奥利维亚患病，而伊莎贝拉却非常健康呢？2009年，西班牙和美国的科学家对另一对同卵双胞胎做了全基因组分析，这对双胞胎中的一个患有严重的自身免疫疾病（红斑狼疮），另一个则完全正常。结果发现，他们的基因组DNA甲基化水平不同。

DNA甲基化，相当于一套管理、调控、修饰基因组的密码指令系统，能在不改变DNA序列的前提下调节基因的表达。甲基化除了可以发生在DNA，也可以发生在mRNA和组蛋白，并且除了甲基，还有其他化学基团（如乙酰基、磷酸化基团等）可以作为表征标记物。这样就形成了非常复杂的指令系统，即使是具有相同基因组的不同个体，由于其指令系统各异，仍然会表现出不同的生理和行为特征。这套密码指令系统可以在特定环境下发生改变，而这些变化又可以在细胞分裂时得以保留，并且持续若干代。这样就为以前令人困惑的很多现象提供了合理的解释。

此前人们认为，在形成受精卵的过程中，卵和精子中的大部分表观标记会被清除掉，也就是说“基因修饰”没有遗传下去的可能。不过，越来越多的研究证明，某些甲基化是可以遗传的。2007年，日本科学家在小鼠中发现，一种称为stella的蛋白质能够有效保护卵子中某些基因的甲基化修饰，并传给下一代。结合之前的结论——基因的甲基化或者去甲基化与环境变化息息相关，也就是说，某些因为适应环境而获得的性状确实是可以遗传的。

这个发现令一些学者非常兴奋，大谈“拉马克主义归来”。但事实上，表观遗传远不像经典遗传学那样“一是一，二是二”。首先，并不是任何外界压力都会带来性状改变；其次，表观遗传修饰在环境压力消失的数代之后，可能会渐渐丢失。虽然环境改变、特殊经历甚至不良习惯所造成的特征都有可能遗传给后代，例如瘾君子吸毒之后生出的婴儿长大后也有步父母后尘的可能，但是这样的获得性遗传并不能使生物从简单向复杂进化，长颈鹿的脖子也不可能是这么来的。

表观遗传带来的一个重要启示是：基因组DNA并非只是一串字母，它不仅输出信息，也能收到信息并受到环境的影响，是动态的、可以调控的，因此在不改变DNA序列的情况下，也可以对一些不利的遗传性状做出逆转，这就为一些疾病的治疗带来了新的思路。

例如，有研究人员发现，一部分DNA甲基化状态在肿瘤形成的早期发生了变化；并且，它不但对肿瘤早期转化起作用，甚至也能影响肿瘤的转移。早在2004年，美国食品及药品管理局就首次批准了一种DNA甲基化抑制剂——氮杂胞苷，作为治疗骨髓增生异常综合征的新药。该药能通过去甲基化作用，提高“正面”基因的主导地位。不过当时对表观遗传机制的研究并不充分，药物疗效也比较有限。

再举一个药物成瘾的例子。在西方，药物成瘾是个很严重的社会问题，前面（第十一部分）专门介绍过与成瘾相关的基因突变。后来科学家又发现，成瘾药物会导致脑区的基因调控水平的改变，即使戒药后这些基因表达的变化仍可存月余，这就是成瘾现象在表观遗传层面的解释。具体到某一特定药物，我们可以在可卡因成瘾的表观遗传现象中观察到对组蛋白H3K9（某一位置）的修饰变化（乙酰化和去乙酰化），这样的修饰可以通过激活或抑制DNA转录来改变相关基因的表达模式。几项实验表明，抑制与组蛋白H3K9去乙酰化有关的酶（HDAC）可减少药物寻求行为，因此这种酶的抑制剂就被认为是可卡因成瘾的潜在治疗方法。

事实上，很多人类重大疾病，如糖尿病、红斑狼疮、哮喘、亨廷顿舞蹈症、阿尔茨海默症等都受表观标记物影响。这方面的研究让饱受困扰的病人看到了曙光，越来越多的研究人员对利用表观遗传学开发药物表现出极大兴趣。近些年来，表观遗传学已成为生命科学领域最热门的方向之一。

不过，总体来说，表观遗传的研究还处于非常初级的阶段。除了疾病，正常的细胞分化、衰老等过程中，其分子机制都离不开表观遗传调控。要想实现对这些过程的干预，区别那些我们想去掉的标记和想保留的标记，还任重而道远。目前，人们对细胞分裂和分化过程中 DNA 甲基化状态的遗传机制了解较多，但是组蛋白状态等其他的表观遗传机制尚不清楚，很多缺失的环节有待发现。

现实生活中，我们也常常看到倡导绿色饮食、健康生活方式的宣传会拿表观遗传学来背书。确实，一些行为习惯在不经意间不仅能影响自身，也会影响后代。但是，这中间的过程很大程度上还是暗箱，如果过度强调，使之成为一种教条，则并没有足够的依据。与经典遗传学以研究基因序列影响生物学功能为核心相比，表征遗传学主要研究这些“表征遗传现象”建立和维持的机制。它的吸引人之处在于让人们认识到：在基因已经被决定了的情况下，我们仍然有某种程度的自由，可以对个人乃至后代的生命过程进行控制，因而更有动力为自己的生活状态做出负责任的、积极的改变。

十八、基因与社会文化

最后，想稍微聊一下基因对社会文化的影响。这里说的不是从遗传到生理进而影响行为的方面，那是基因决定论者喜欢谈论的。他们倾向于在人的行为、心理活动与基因之间构建出简单的对应关系，并用后者来解释前者；认为染色体上携带的信息，决定了个体未来的发展模式甚至一个族群的特质。

当然，按照现在的科学认知，人的生理特征（如身高、相貌、体能等）和精神特征（如智力、情商、性格等）的很大部分确实是有遗传基础的，但是如果一味强调这些在出生时已经决定了，则会限制后天努力的空间，并且容易给种族主义制造口实。优生学在1920—1930年代走入极端，成为种族主义者的工具，很大程度上就是因为过度相信基因（遗传）决定。其实，从其他物种和人类历史中得到的经验看，限制基因流动的群体，遗传多样性降低，在应对环境和内部压力时，都是不利的。

不过，无论你在多大程度上相信基因的决定作用，都是从人的角度、从基因的外部，考虑它对有机体的意义（功能）。当基因的概念出现并逐渐明晰起来之后，对它的传播，以及由此形成的一套话术，很自然会沿着“某基因在某物种、某代谢途径中的作用”这条思路展开。但是，也有人会从其他角度思考，并带来极具启发意义的理论，比如理查德·道金斯（1941— ）和他的名作《自私的基因》（1976）。书中使用“自私”这样一个词来修饰“基因”，表达了一种以基因为中心的进化论观点，与基于物种或生物体的进化观截然不同。然而当给基因赋予了一定主体性之后，反而能够更好地解释一些看似与原本熟悉的进化原理相悖的现象，如生物体之间的各种利他行为。此外，道金斯在书中还创造了模因（meme）一词，来表示人类社会文化进化的基本单位，提出“自私”的复制机制同样适用于人类文化。此后，模因学成了很多研究的主题，虽然后来它逐渐被基因－文化共同进化的双重遗传理论取代，但是，不可否认它对很多社会文化现象的解释力还是很强的。而这只是道金斯书中的一个副产品而已，他的主要学术成就还是对进化论的推进。此外，他也是一个活跃的公共知识分子，以批评神创论而闻名。

1. 道金斯的生物进化观

道金斯出生于英国殖民统治时期的肯尼亚首都内罗毕，并在那里待到了8岁。他的父亲当时应召加入了一个叫“国王的非洲步枪”（The King’s African Rifles， KAR）的殖民军团，驻扎在那里。1949年，他们全家返回英国，继承了牛津郡的一处庄园。1959年，道金斯进入牛津大学巴利奥尔学院学习动物学，1962年毕业。之后他留在牛津继续学习，于1966年在著名动物行为学家尼古拉斯·廷伯根（1907—1988）的指导下获得博士学位。

廷伯根是现代动物行为学的奠基人之一，特别是对本能、学习和选择等行为的研究贡献卓著。1973年，他与解释了蜜蜂舞蹈的卡尔·冯·弗里希（1886—1982）和重新发现鸟类印记行为的康拉德·洛伦兹（1903—1989）分享了诺贝尔生理学或医学奖。道金斯在跟从廷伯根学习期间的研究主要涉及动物决策模型，毕业后又给他做了1年研究助理。1967—1969年，道金斯来到美国加州大学伯克利分校任动物学助理教授。时值越战，该校的很多师生都是积极的反战者，道金斯也参与了他们的活动。1970年，他回到牛津大学教授动物学，后来就一直留在那里。

作为一个学者，道金斯发表的论文非常少，跟他的前辈进化生物学家一样，其学术观点主要反映在著作里。曾经有人调侃说：像达尔文那样的人，既不会申请经费，又不懂什么数学工具，放在如今的学术圈根本混不下去。道金斯在给美国进化生物学家乔治·威廉姆斯（1926—2010）写的回忆文章中驳斥了这种说法——威廉姆斯就既没有申请过大笔经费，也不在论述中使用大量数学公式，但他却是20世纪最有影响力的进化生物学家之一。威廉姆斯首次概述了“祖母假说”[①](1957)，并在《适应与自然选择》(1966)一书中，率先提出了以基因为中心的进化观。道金斯除了治学方式跟他相似，学术思想上也算是一脉相承，《自私的基因》中关于演化的理论其实就是构筑在威廉姆斯之说的基础上。

在1960年代，进化生物学领域一个重要的学术问题就是对利他行为的解释。其实这也不是个新问题，达尔文在《物种起源》中就表达了“亲属选择”的思想(虽然他并没有用这个词)，即生物体会以自身的生存和繁殖为代价，做出有利于其亲属繁殖成功的选择。作为一种进化策略，这样的选择有利于提高亲属们共有的基因在种群中所占的比例。不过在1960年代之前，利他主义通常还是用“群体选择”来解释的，在这种选择中，带来某种行为趋势的基因，如果有利于种群的利益则更容易普及。

1964年，英国进化生物学家威廉·汉密尔顿(1936—2000)第一个正式发表了对亲属选择的定量描述，称为汉密尔顿规则。简单说，在自然选择下，如果一个基因编码的性状增强了携带它的个体的适应性，那么该基因在种群中的频率应该增加；相反，降低其携带者个体适应性的基因则应该被消除。

① 该假说通过扩展亲属网络的适应性价值来解释人类生活史中存在更年期的现象。

然而，假设有一个基因，它带来的表型（行为特征）会增强亲属的适应性但降低表现出该行为的个体自身的适应性，那么它的频率仍然可能会增加（或至少保持），因为亲属通常携带相同的基因。例如，为什么同性恋这种明显不利于传宗接代的行为一直能够存在，某种程度可以这样解释（当然同性恋并不是单基因控制的行为特征）。

到了道金斯那里，可以说他是把“适者生存”的原则微缩到了基因层面，也就是说：选择是在基因水平上发生的，决定某个基因是否会传播的最终标准不是它所带来的表型是否有利于生物群体或者个体，而是是否有利于该基因。有机体所表现出的（亲属间的）利他行为，也正是为了使有机体携带的基因增加繁殖机会。因此后来有人总结说，正是基因的这些“自私”行为导致了生物体的“无私”行为。道金斯的支持者认为，以基因为选择的对象这一中心点有益地完善和扩展了达尔文的进化论解释；而批评者则认为，“自私的基因”过分简化了基因与生物之间的关系。不过，也许正是这份简单，才是该理论的魅力所在。

道金斯还从生命起源的假说出发，提出了“复制子”的概念。早在1920年代，就有人提出假设，认为在45亿年前的地球，海洋中的环境条件有利于发生一些化学反应，使简单的无机物能够合成出有机分子，这种存在有机分子的海洋也被称为

"原始汤"。1950年代著名的米勒实验[①]为这种假说提供了一个佐证。而道金斯认为：在"原始汤"中，能够复制自身的分子将获得生存优势，从而开始进化。现在我们所看到的各种生命形式体内的基因就是复制子。而生物体只不过是基因为达到传播自己的目的而制造出的"生存机器"。

能够帮助生物体存活并繁衍的基因组合也就增加了基因本身被传播下去的可能性。所以，"成功"的基因通常也有利于生物体。例如，帮助生物体抵御疾病的基因在帮助生物体的同时也同样促使它本身在生物群体中传播开来。有些时候，基因和生物体的利益会相互冲突。例如某些种类的蜘蛛在交配时，雌性会把雄性吃掉。此时，雄蜘蛛寻找雌蜘蛛交配的行为会带来生命危险，是违反自己利益的，但这样却会使基因遗传给下一代，于是雄蜘蛛总是勇于赴死。所以，在基因和生物个体之间几乎不会发生对抗，因为最终胜出的总是基因（人类的节育可能是唯一的对抗行为）。道金斯的这些描述颠覆了我们对自身的幻觉，深刻影响了整整一个时代。他使用"自私"这个词来修饰"基因"，赋予了它一种拟人化的色彩，而包括人在内的各种生物体则被降格为无意识的载体。虽然这种隐喻令人不快，但确实也发人深思。

---

① 这项实验表明，只要有水、氨、氢和甲烷，以及模拟闪电的电火花，就可以得到地球上生命所必需的几种蛋白质前体。

2. 道金斯的模因概念

道金斯在《自私的基因》一书中还创造了模因(meme)一词来代表人类社会文化进化的基本单位，并提出“自私”的复制机制同样适用于人类文化。道金斯假设可以把人类的许多文化实体如旋律、时尚、各种技能甚至宗教视为复制子即模因。模因在人类群体中得以复制，由于人类并非总是完美地复制模因，因此它们会随时间变化。想想看，如果把“上帝”这个古老的想法看作一个模因，它确实符合书中对复制子的种种描述：它可能多次出现，由于具有足够的心理吸引力而能够广泛传播，并在模因池中有效地生存。另外，模因也可以与其他模因相互作用——结合、重组或以其他方式进行修改以创建新的模因。总之，无论从哪个角度考虑，拿生物进化中基因的自然选择来类比模因在文化进化中的变化过程都非常贴切。

随着《自私的基因》成为畅销书并被翻译成多种文字，这些概念迅速进入了大众文化。1980年代，在中国大受欢迎的日本动画片《咪姆》就是受道金斯的观点启发创作的，咪姆(ミーム)则是对 meme 一词的日语音译。这个动画剧集的主题通常是历史上的科学发现、发明，以及一些未来主义的叙事和科幻故事，也正呼应了模因一词所代表的“文化传播单位”之意。文艺标兵村上春树甚至在《1Q84》一书里设定了这样一段话：“究其根本，人类不过是携带基因的载体与表达功能的通路。

基因是自然界万物生长的源泉，而我们就像是风驰电掣的赛马，在转瞬间前赴后继薪火相传。它们的组成与世间的善恶无关，同时也不会受到人情冷暖的影响。我们只是这些遗传物质最终的表现形式。因此如何提高遗传效率才是唯一需要考虑的问题。”——这是寡妇在咖啡馆跟青豆说的。

道金斯的原书在1981年就由科学出版社出版了上海外国语学院英语系卢允中教授等翻译的中文版，不过印数只有5 000册，流传有限，到1998年吉林人民出版社的版本发行之后在中国的认知度才逐渐提高。后来原书几次再版，中文译本都迅速跟上。道金斯的其他著作，如《盲人钟表匠》《伊甸园之河》《解析彩虹》《祖先的故事》《上帝的错觉》等也陆续被翻译介绍到中国。其实他的几乎每本书在英语世界都是畅销书，经常在各大媒体引起轰动。道金斯在1995—2008年担任牛津大学公众理解科学教授，该职位由超级富豪查尔斯·西蒙尼（1948—　）冠名设立，旨在促进公众对若干科学领域的理解。道金斯在这方面确实做出了重要贡献，而且他对科学、宗教和政治等话题都发表过真知灼见。至于他提出的模因概念，后来在心理学家苏珊·布莱克摩尔（1951—　）那里得到了进一步阐释和发扬。

布莱克摩尔1973年毕业于牛津大学圣希尔达学院，获得心理学和生理学学士学位。之后在萨里大学先后获得环境心理学硕士和超心理学博士学位。她曾花了不少时间研究超心理学和超自然现象，但最后对该领域的态度从相信转为怀疑，并成为一个著名的怀疑论者①。她在1999年出版的《模因机》(The Meme Machine)②一书，把模因学这个新诞生的领域带到了公众视野里。

书的前半部分试图给模因一个更加清晰的定义。虽然“模因”一词是道金斯发明的，但是类似想法的早就有人表达过。在达尔文的时代，人们就已经讨论到思想与生物属性遭受同样的进化压力的可能性。例如托马斯·亨利·赫胥黎(1825—1895)曾说：“为生存而进行的斗争在精神世界和物质世界中同样重要。一种理论相当于思维领域中的一个物种，它的生存权取决于其抵抗灭绝的能力。”1904年，德国动物学家和进化生物学家理查德·西蒙(1859—1918)出版的《妮米》一书中，妮米所代表的“对从外部到内部体验的记忆”，与道金斯的概念有些相似。妮米是希腊神话中的缪斯女神之一，主管记忆，后来还有一些作品也用她指代过类似的意思。而意大利遗传学家路易吉·卡瓦利－斯福扎(1922—2018)，以及独立学者、

① 她是怀疑论调查委员会的研究员。该委员会是一个在美国成立的跨国非营利性组织，宗旨是“促进科学探究、批判性调查，以及在审查有争议的和非同寻常的主张中使用理性”。很多大家熟悉的学者和科普作家，如卡尔·萨根、马丁·加德纳、艾萨克·阿西莫夫、史蒂文·平克、E.O. 威尔逊等都位列其中。

② 中文译本名为《谜米机器：文化之社会传递过程的“基因学”》，2001 由吉林人民出版社出版。

人类学家泰德·克娄克的工作也给了道金斯一些灵感。

道金斯认为，进化并不取决于遗传的特定化学基础，而仅取决于存在能够自我复制的传播单位。就生物进化而言，这就是基因，而模因则代表了能够解释人类行为和文化进化的另一类自我复制单元。由于《自私的基因》一书主要还是围绕基因展开，所以道金斯在模因如何在人脑中繁衍、控制人类行为并最终影响文化走向的问题上并未给出足够的解释，而布莱克摩尔则把模因定义为一个通用复制器。通用复制器具有3个关键特性——高保真复制、高水平的繁殖力和一定的寿命，基因只是其中的一个例子。在《模因机》的后半部分，布莱克摩尔对诸如语言起源、人类大脑起源、性现象、互联网和自我概念等不同问题都给出了基于模因的解释。相对于其他理论，这些解释可谓简单、清晰。虽然她对模因的热情可能导致她忽视了进化适应性和生物学的许多方面，但她对现代生活和文化的洞见还是很让人耳目一新。

模因这个创造性的概念在社会学家、生物学家和其他学科的科学家之间引起了很多争论。虽然后来模因学在学术界被其他理论取代，但是由于它简洁、易懂且便于引发联想，在学术圈外仍然为人津津乐道。比如，人们经常将模因的传播比喻为病毒的扩散，特别是一些社会中传染性的负面现象，如从众效应、瘾症蔓延、模仿犯罪、模仿自杀等行为都被视作模因传递的例证。而那些历经千百年仍在影响世界的人物、学说、掌故也可以被视为一个个模因。像西方的苏格拉底、哥白尼，中国的孔孟、老庄，他们的学说作为模因都曾被大量复制并长期存在（预计还将继续存在很长时间）。在一次次的复制中，虽然力求保真，但变化也不可避免，正如碱基序列的复制过程。按照这样的定义，无论道金斯的《自私的基因》还是布莱克摩尔的《模因机》，也都是标准的模因。《自私的基因》在2017年的一项民意测验中还被评为有史以来最具影响力的科学书籍。在书中道金斯提到，在具有文化的社会中，一个人不需要生物学上的后代也可以在死后数千年内保持对他人行为的影响力。也就是说，如果你为世界文化做出贡献——提供一个独特的模因，它可能会在很长时间后仍保持原样，而你曾引以为荣的基因却早就淹没在人类群体广阔的基因池中了。

后　记

以往看过的普及型读物总会设定一个适合的读者群体，通常是根据文化程度、从事的行业、年龄层等因素界定，但现在就很难这样去决定一本书写给谁看了。一方面，在这个社会全面信息化的时代，大家可以有各种渠道获取自己感兴趣的知识；另一方面，以生命科学近几十年发展之快，不同时期受教育的个人从学校得到的知识储备相差甚远（20世纪80年代的大学生物系毕业生可能完全没接触过基因工程，而当代的初中生就已经在谈论基因编辑、表观遗传之类的话题）。因此，写作目的只能回归到回答自己的疑问。

以“基因”这一概念为主导的生物学研究已经进行了几十年，围绕那些比较热门的基因发表的论文都数以万计①。这几万篇论文背后，又对应着上万博士生的青春以及不知道该用十的几次方来计算的科研经费。作为普通人，即便只是出于礼貌的关切，也应该了解一下这些工作的概貌和现实意义。所以，

① 以研究最多的 *P53* 基因为例，在美国国立卫生研究院下属的国家医学图书馆维护的信息检索系统 PubMed 中，检索结果已经超过 11 万篇。

我最初的想法是：挑出一些经常出现在人们视野里的基因，像那些讲述草木鱼虫故事的书那样，挖掘一下它们的发现历程，给大家解释解释它们的生理功能，再展望一番应用价值之类。但是真的动笔，才认识到这个思路无法贯彻。一是很多研究结果并无定论，甚至不同小组的结论相反；况且，一个基因通常涉及生理活动的多个方面，如果只强调其某个功能，未免太过片面。二是要考虑普及型读物所需要的故事性，若写成流水账式的文献综述，恐怕不会有人爱看。虽然在专业学者的眼中，每一篇事关科学发现的论文都是个好故事，而对于自身或亲朋好友患有遗传病的人来说，涉及相关基因的任何报道都是值得关注的，但是，对一般大众来说，什么样的故事才会引起共鸣呢？按估算，一个人拥有超过两万个基因，当它们都正常工作的时候，人并不会意识到它们的存在，于是也就说不上对它们有多大兴趣。在以还原论为指导的基因科学研究中，那些曾经带来巨大的喜悦和希望的研究进展，在不久之后回顾，很可能也就只是大屏幕上一个小小的像素，或者说只是一副巨型拼图中的某块拼板。所以，最终在本书中我只是选择了拼图中略微成型的几处做了一些描述。

如果把基因组比作一本大书的话，我们现在所处的阶段只相当于一个儿童在没有人教导的情况下识别出了书中的一些单词，应该算是很了不起的成就，但是离真正读懂还有很长的路要走。以生命现象之复杂多样，最终能否达到像物质科学中那样精准的规律性认识仍属未知，不过这不影响基因成为一个大产业。在流行文化领域，也经常可以看到以基因为主题的作品。然而，有关基因的发现到底将给人类带来什么改变，其实还有赖于每个人的独立思考和价值判断。核酸分子是微观的，可能不太会像星辰大海那样给人带来敬畏感，但它蕴含的信息量也是天文数字级别的，在解读和应用时谨慎总是必不可少的。

在写作本书的过程中，我其实还给自己提出过一些其他的问题，比如，基因大小的变化范围是什么，缘何形成这样的差异？维持生命活动最少需要多少基因？不过这些问题有的梳理起来颇艰难，有的又凑不成一个完整章节，就留待以后继续思考吧。

参考文献

[1] 何风华，朱碧岩，高峰，等.孟德尔豌豆基因克隆的研究进展及其在遗传学教学中的应用[J].遗传，2013，35（7）：931-938.

[2] 高翼之.摩尔根与染色体遗传学说的建立[J].遗传，2002，24（4）：459-462.

[3] 刘艳青，赵永芳. ABC转运蛋白结构与转运机制的研究进展[J].生命科学，2017，29（3）：223-229.

[4] 郭晓强.分子医学之父——英格拉姆[J].自然辩证法通讯，2009，31（3）：86-94，112.

[5] 王永辉.漫谈镰刀型细胞贫血症[J].生物学教学，2012，37（6）：59.

[6] 高辉. *ACE*和*ACTN3*基因多态性与运动能力关系研究[D].杭州：浙江大学，2007.

[7] 杨若愚，王予彬，沈勋章，等.基因多态性与杰出运动能力[J].中国组织工程研究，2014，18（7）：1121-1128.

［8］许淑茹，胡启平，韦力嘉.人类*SRY*基因及其相关疾病的研究进展［J］.国际遗传学杂志，2012（2）：95-99.

［9］吴芮封，徐小曼，周琦.性别决定机制和性染色体的演化［J］.中国科学：生命科学，2019，49（4）：403-420.

［10］谢平.细胞核和有性生殖是如何起源的?［J］.生物多样性，2016，24（8）：966-976.

［11］刘闯，郑继旺.ΔFosB在药物依赖性中的介导作用［J］.中国药理学通报，2000（4）：369-372.

［12］崔永兰，张露，黄敏仁.植物*MADS*盒基因研究进展［J］.中国生物工程杂志，2003（9）：50-54.

［13］胡继飞.转座因子的发现与进展及其科学启示［J］.生物学通报，2006（5）：58-60.

［14］林良斌，官春云.Bt毒蛋白基因与植物抗虫基因工程［J］.生物工程进展，1997（2）：50-54.

［15］王友华，孙国庆，连正兴.国内外转基因生物研发新进展与未来展望［J］.生物技术通报，2015，31（3）：223-230.

［16］朱昀.转基因食品的现状及发展概述［J］.生物学教学，2017，42（12）：5-6.

［17］PORTIN P， WILKINS A. The evolving definition of the term “Gene” ［J］. Genetics，2017，205（4）：1353-1364.

[18] REID J，ROSS J.Mendel's genes：Toward a full molecular characterization［J］. Genetics，2011，189：3-10.

[19] ELLIS T H N，HOFER J M，VAUGHAN G M，et al. Mendel，150 years on［J］. Trends Plant Sci，2011，16（11）：1360-1385.

[20] MORGAN T H.The origin of five mutations in eye color in Drosophila and their modes of inheritance［J］. Science，1911，33：534-537.

[21] WU R. Development of the primer-extension approach：A key role in DNA sequencing［J］. Trends Biochem Sci，1994，19（10）：429-433.

[22] FAGUET G B. A brief history of cancer：Age-old milestones underlying our current knowledge database［J］. Int J Cancer，2015，136（9）：2022-2036.

[23] ZAKIAN V A. Telomeres：The beginnings and ends of eukaryotic chromosomes［J］. Exp Cell Res，2012，318（12）：1456-1460.

[24] TOH K L，JONES C R，HE Y，et al. An *hPer2* phosphorylation site mutation in familial advanced sleep phase syndrome［J］. Science，2001，291：1040-1043.

[25] SHI G, XING L, WU D, et al. A rare mutation of β1-adrenergic receptor affects sleep/wake behaviors [J]. Neuron, 2019, 103 (6): 1044-1055.

[26] BERRIDGE V, MARS S. History of addictions [J]. Journal of Epidemiology & Community Health, 2004, 58: 747–750.

[27] ROSENTHAL R J, FARIS S. The etymology and early history of 'addiction' [J]. Addiction Research & Theory, 2019, 27 (2): 1-13.

[28] THEISSEN G, BECKER A, DI ROSA A, et al. A short history of *MADS*-box genes in plants. Plant Mol Biol, 2000, 42 (1): 115-149.

[29] WIESCHAUS E, NÜSSLEIN-VOLHARD C. The heidelberg screen for pattern mutants of Drosophila: A personal account [J]. Annu Rev Cell Dev Biol, 2016, 32: 1-46.

[30] WOO S L, LIDSKY A S, GÜTTLER F, et al. Cloned human phenylalanine hydroxylase gene allows prenatal diagnosis and carrier detection of classical phenylketonuria [J]. Nature, 1983, 306: 151-155.

[31] FELSENFELD G. A brief history of epigenetics [J]. Cold Spring Harb Perspect Biol, 2014, 6 (1): 1-10.

[32] NOBLE D. Conrad Waddington and the origin of epigenetics [J]. J Exp Biol, 2015, 218: 816-818.

[33] MUKHERJEE S. The gene: An intimate history [M]. London: The Bodley Head, 2016.